DR. MED. FELIX BERTRAM
NINA WEB



# HACKING AGE

# INHALT

# VORWORT

74 Jahre. Die Zahl lässt mich erstarren. Es ist der 6. Januar 2024. Ich bin 49 Jahre alt, doch ein Test meines biologischen Alters kommt zu dem Ergebnis, ich sei 74. Ein Vierteljahrhundert zu alt!

Ich hatte mich aus Neugier testen lassen. Ich wollte wissen, wie alt ich wirklich bin. War mein Körper so gesund und fit, wie er es mit 49 Jahren sein sollte? Vielleicht wäre ich im Inneren sogar jünger, hatte ich gehofft. Ich fühlte mich nicht wirklich so, als hätte ich schon fast ein halbes Jahrhundert hinter mir. Und oft bekam ich zu hören, ich sähe jünger aus.

Doch nun das! Wie kann es sein, dass ich biologisch schon weit im Rentenalter stehe? Geht es mir schlechter, als mir bewusst ist?

Dieses Testergebnis lässt mich mein Leben genauer betrachten.

Ich habe in den vergangenen Jahrzehnten extrem viel gearbeitet – was mit dem entsprechenden Erfolg belohnt wurde: Als Arzt habe ich eine Klinikkette aufgebaut. Meine Hautpflegelinie ist international erfolgreich. Ich besitze ein Restaurant, das nur vier Monate nach der Eröffnung mit zwei Michelin-Sternen ausgezeichnet wurde. Ich bin Investor in der Schweizer Fernsehsendung »Höhle der Löwen« und ich bin als Speaker gefragt.

Auch privat könnte ich nicht zufriedener sein: Ich lebe in einer glücklichen Beziehung, habe einen wundervollen Freundeskreis und durch mein Haus und meinen Garten tollen zwölf Hunde, die ich über den Tierschutz aufgenommen habe und die mir viel Lebensfreude und Liebe schenken.

Mir fehlt nur eines: Zeit.

Der berufliche Erfolg hat seinen Preis. Ich komme kaum zur Ruhe. Die vielen unternehmerischen Entscheidungen, die ich zu treffen habe, rauben mir den Schlaf. Abends trinke ich zu oft Bier, weil ich glaube, anders nicht entspannen zu können. Ich weiß, dass das meiner Gesundheit schadet, aber wie massiv das der Fall ist, wird mir erst bewusst, als ich meinen Lebensstil einer Inventur unterziehe.

Die beginnt mit dem Test meines biologischen Alters.

Ich muss zugeben: Als das Testergebnis vorliegt, bin ich zunächst niedergeschlagen. Erstmals denke ich darüber nach, dass ich nicht gefeit bin vor Alterskrankheiten und Gebrechlichkeit. Doch statt zu verzweifeln, nehme ich die Herausforderung an. Ich werde mich mehr um meine Gesundheit kümmern und mein Leben verändern. Ich will nicht mehr länger buchstäblich bis zum Umfallen arbeiten, nur um in zehn, fünfzehn Jahren mit einem Infarkt oder Schlaganfall tatsächlich umzukippen.

Genau dreißig Jahre zuvor hatte ich schon einmal mein Leben umgekrempelt. In jungen Jahren hatte ich Schauspieler werden wollen und schon als Jugendlicher einige Rollen in Serien gespielt. Damals freute ich mich unbekümmert auf eine aufregende Zukunft.

Das änderte sich im Bruchteil einer Sekunde. Mit neunzehn Jahren, eine Woche nach dem Abitur, fuhr ich nach einer Partie Billard mit dem Motorrad nach Hause, auf dem Rücksitz saß ein Schulfreund. Wir kollidierten – ohne meine Schuld – mit einem Auto. In dem Moment, in dem ich an einer Kreuzung beschleunigte, ignorierte ein Fahrer seine rote Ampel. Ich fuhr frontal in das Auto, flog mehrere Meter. »Dein Bein«, rief mein Freund, das weiß ich noch. Da merkte ich, wie Blut meinen Rücken entlang floss.

Fuß und Unterschenkel waren zerstört. Der Oberschenkel war glatt durchgebrochen und nach hinten abgeknickt. Der Knochen bohrte sich durch die zerrissene Jeans. Die Hauptschlagader des Beines war durchtrennt, wodurch ich rapide Blut verlor. Wäre der Unfall nicht mitten in Hamburg passiert, sondern auf dem Land, wäre ich verblutet. Der Rettungswagen hätte nicht schnell genug vor Ort sein können.

Dieser eine Moment hat mir klargemacht, wie dicht Leben und Tod beieinander liegen und dass es manchmal nur um Sekunden geht: Mit etwas mehr Glück wäre mir an diesem Tag gar nichts passiert; mit etwas mehr Pech wäre ich gestorben.

Seit dem Unfall begleitet mich der Gedanke, wie zerbrechlich das Leben doch ist, und wie endlich. Dieses kostbare Geschenk möchte ich nicht verschwenden.

Statt meine Schauspielkarriere zu beginnen, verbrachte ich den Sommer 1994 im Krankenhaus, die ersten Wochen lag ich im Koma. Das Bein war nicht mehr zu retten. Ich war schon an einer Musicalschule angemeldet gewesen, um Schauspiel und Tanz zu lernen, doch das konnte ich nun vergessen. In so jungen Jahren alle Lebenspläne zerstört zu sehen, war hart.

Während der Chefarztvisite redeten die Mediziner in mir damals fremden Fachbegriffen über mich, anstatt mit mir zu sprechen. Zum Glück nahm sich ein junger Unfallchirurg meiner an. Er kam nach der Visite, um mir alles zu erklären. Abends schaute er oft vorbei und wir unterhielten uns. Über Wochen nahm er sich immer wieder Zeit für mich. Seine fürsorgliche Art machte die Situation erträglich. Und mehr noch: Er weckte in mir den Wunsch, ebenfalls Arzt zu werden.

Im Vergleich zu der massiven Lebensveränderung damals ist das Testergebnis, das mir ein biologisches Alter von 74 Jahren attestiert, kein Schock, sondern bloß ein Weckruf. Die schlimmen Konsequenzen sind ja noch nicht eingetreten. Im Gegensatz zu meinem Unfall damals habe ich heute die Möglichkeit, rechtzeitig gegenzusteuern. Denn die wichtigste Botschaft des faszinierenden Forschungsgebiets der Longevity – also der Langlebigkeit – lautet:

Wie schnell wir altern, ist kein Schicksal. Wir können es mit unserem Lebensstil beeinflussen, im Guten wie im Schlechten. Und zwar erheblich: Die Art, wie wir leben, hat einen größeren Einfluss auf das Altern als unsere Gene.

Genau da habe ich angesetzt. Ich habe mein Leben auf den Prüfstand gestellt und in mancher Hinsicht umgekrempelt. Parallel dazu habe ich mich in die Longevity-Forschung eingearbeitet, mit Wissenschaftlern und Ärztinnen gesprochen und immer mehr verstanden, wie alles zusammenhängt.

Je tiefer ich in die Materie eingestiegen bin, desto stärker ist mir bewusst geworden, dass ich nicht bloß ein langes, sondern vor allem ein erfülltes Leben führen möchte. Das Streben nach mehr Lebensjahren ist für mich kein Selbstzweck. Deshalb beschäftige ich mich intensiv mit mentaler Gesundheit, mit meinen persönlichen Zielen, meinen Beziehungen und mit den Momenten und Begegnungen, die das Leben für mich wertvoll machen.

Ich schreibe dieses Buch, weil ich mir sicher bin, dass meine Erfahrung nicht einzigartig ist. Zwar bringen wir durch unser Erbgut alle etwas unterschiedliche Voraussetzungen mit, doch im Kern müssen wir uns alle mit denselben großen Themen beschäftigen: Wie gehe ich mit Stress um? Wie finde ich guten Schlaf? Wie bringe ich das richtige Maß an Bewegung in mein Leben? Wie ernähre ich mich gesund? Wie führe ich gute und erfüllende Beziehungen? Und womöglich auch mit der Frage: Warum trinke ich Alkohol und wie ich kann darauf verzichten?

Wie sich durch diese Entscheidungen das Alter verändern lässt, habe ich am eigenen Leib erfahren: Hacking Age ist möglich! Richtig umgesetzt bietet es nicht bloß das Versprechen von mehr Lebenszeit in der Zukunft, sondern es macht das Hier und Jetzt lebenswerter.

Begleiten Sie mich auf meiner Reise hin zu meinem jüngeren Ich.

# DER WECKRUF

Der Test, der mein Leben veränderte, lag monatelang in einer Schublade. Eine befreundete Wissenschaftlerin, Dr. Nichola Conlon, hatte ihn mir gegeben, als wir uns auf einer Longevity-Konferenz trafen. Longevity ist der Forschungszweig, der ergründen will, wie wir möglichst alt werden und dabei lange gesund und fit bleiben. Es ist ein recht neues Themenfeld, dessen Fortschritte mich als Arzt seit Jahren interessieren. Bisher sah ich aber wenig Anlass, diese Erkenntnisse auf mein eigenes Leben anzuwenden.

Da ich wie immer viel um die Ohren hatte, legte ich den Test nach der Konferenz irgendwohin und vergaß ihn. Im Dezember 2023 fiel er mir per Zufall wieder in die Hände und aus einer Laune heraus nahm ich mir dann doch die Zeit, ein paar Blutstropfen aus meinem Finger zu pressen und das Test-Kit einzuschicken. Das Ergebnis interessierte mich, weil ich von Natur aus neugierig bin. Sorgen bezüglich meines biologischen Alters trieben mich nicht um.

Dass etwas nicht stimmte, ahnte ich erst, als der Testanbieter einen Videocall mit mir vereinbarte. Unauffällige Ergebnisse kann man per Mail oder Telefon kommunizieren, für schlechte braucht es den direkten Austausch. Das weiß ich als Arzt.

Ich führe das Gespräch im Urlaub auf Sylt, wo ich das neue Jahr in Ruhe beginnen will. Die vergangenen zwei Jahre haben mich beruflich voll gefordert. Ich habe einige kritische Situationen meistern müssen, um mein Unternehmen erfolgreich zu halten. Das ist zum Glück gelungen.

Ich liebe es, das Jahr, wie fast immer, auf dieser Insel zu beginnen. In diesen Urlauben lese ich viel, treffe Freunde, entspanne mich. Sylt ist meine Seelenoase. Zwei meiner Hunde sind diesmal mit dabei, jeden Tag gehe ich lange mit ihnen am Strand spazieren.

Auch wenn man mich nie auf einer Silvesterparty antreffen wird, weil mir diese fest terminierten Feiern ein Graus sind, markiert der Jahreswechsel für mich einen Neuanfang. Dieses Jahr soll nach den überstandenen Turbulenzen etwas stabiler, etwas ruhiger laufen, denke ich. Mein gedanklicher Fokus liegt dabei allerdings auf der Arbeit, nicht auf meiner Gesundheit. Bis ich den Videocall führe und mich diese Nachricht aufschreckt …

74 Jahre! Mir fällt es schwer, die Zahl an mich heranzulassen. Mit 49 fühle ich mich nicht alt, schon gar nicht *so* alt. Mein biologisches Alter liegt 25 Jahre über meinem chronologischen. Ungebeten schießt mir eine Frage durch den Kopf: Was, wenn ich nur noch zehn Sommer vor mir habe?

Der Mediziner, der mir die schlechte Nachricht überbringt, erzählt, dass manche, die so ein Ergebnis bekommen, es sich leicht machen und einfach bezweifeln, dass der Test, für den sie sich vorher entschieden und Geld ausgegeben haben, valide ist. Das tue ich nicht. Und gerade deshalb setzen seine Ausführungen bei mir ein Gedankenkarussell in Gang. Habe ich solch einen Raubbau mit meinen Ressourcen getrieben, körperlich und mental? Bin ich an einem Wendepunkt in meinem Leben angekommen?

Bis zu diesem Tag habe ich vor allem für den Erfolg gelebt. Ich habe beruflich alles erreicht, was ich mir vorgenommen habe, und weit mehr, als ich mir als junger Mensch je erträumt hätte. Doch dabei habe ich offensichtlich die Kosten ausgeblendet – und den Erfolg mit meiner Gesundheit bezahlt.

Bei etwa vier von fünf Menschen zeigen sich im Test nur leichte Abweichungen zwischen biologischem und kalendarischem Alter, erklärt mir der Arzt des Testanbieters. Höchstens acht Jahre mehr oder weniger trennen bei ihnen beide Werte. Wenige Menschen seien biologisch deutlich jünger als chronologisch. Ich gehöre zu den ebenfalls seltenen Ausreißern in die andere Richtung.

Was unterscheidet eigentlich einen alten Menschen von einem jungen? Manches sieht man auf den ersten Blick, Falten etwa. Will man das Altern erforschen oder durch Tests ermitteln, muss man allerdings genauer hinschauen. In einem in der Longevity-Wissenschaft geschätzten Fachartikel wurden 2013 neun Kennzeichen des Alterns definiert, 2023 wurden diese auf zwölf erweitert, die sogenannten »Hallmarks of Aging«. Das sind eben nicht graue Haare oder Altersflecken, sondern Mechanismen, die diese Veränderungen bewirken. Einer davon ist die chronische Inflammation, auf Englisch *Inflammaging* (zusammengesetzt aus *Inflammation*, Entzündung, und *Aging*, Altern). Dass Menschen im Alter Infektionen schlechter abwehren können und viele chronische Erkrankungen erst in der zweiten Lebenshälfte ausbrechen, hängt auch mit dem Inflammaging zusammen. Der Test, der mir fast ein Greisenalter attestiert, gibt einen Hinweis darauf, mit welcher Stärke solche chronischen Entzündungen im Körper toben. Oder anders gesagt: Er misst, wie stark das Immunsystem darauf gepolt ist, Entzündungen zu fördern, statt sie zu unterdrücken. Dafür überprüft er chemische Veränderungen an Antikörpern, also an Teilen der Körperabwehr. Die Antikörper sind von sogenannten Glykanen umgeben, deren genaue Beschaffenheit mitbestimmt, ob Antikörper eher entzündungsfördernd oder entzündungshemmend arbeiten. Ihr Muster verändert sich mit dem Lebensalter, daher lassen sie sich als Marker nutzen.

Ich weiß von einer früheren Untersuchung, dass meine Arm- und Beinarterien bereits erste Anzeichen von Verkalkung, der sogenannten Arteriosklerose, zeigen, anders, als das in meinem Alter zu erwarten wäre. Arteriosklerose ist im Kern eine chronische Entzündung, insofern fügt sich für mich durch das Testergebnis nun eins zum anderen.

Es lässt sich darüber streiten, wie exakt dieser eine Test einen so komplexen Wert wie das biologische Alter bestimmen kann. Ein bekannter Altersforscher, Steve Horvath, sagt sogar, er vermeide es, von »biologischem Alter« zu sprechen, weil es dafür keine gute Definition gebe. Dazu muss man wissen, dass eine Methode, die die Alterung der Zellen bestimmt, nach ihm benannt ist: Die Horvarth-Uhr misst sogenannte epigenetische Marker.

Doch wie dem auch sei, aus meiner Sicht hat mein Test seine Berechtigung, selbst wenn er nicht exakt widerspiegeln sollte, wie stark mein Körper, meine Organe und meine Zellen gealtert sind. Dass ich biologisch circa 25 Jahre älter bin, als ich es sein sollte, will ich also ernst nehmen.

Ich merke dennoch, dass ich dem Gespräch über mein Testergebnis schlecht folgen kann. Innerlich wirbeln Fragen durch meinen Kopf: Soll ich mein Leben umkrempeln? Habe ich dafür überhaupt die nötigen Freiräume?

Nachdem wir den Videocall beendet haben, versuche ich, nicht zu grübeln. Schließlich ist das bei Weitem nicht die schlimmste Nachricht, die ich in meinem Leben bekommen habe. Mit Amy und Lionel, den zwei Hunden, die mit auf Sylt sind, gehe ich raus. Bei einem Strandspaziergang kann ich besser nachdenken.

## BESTANDSAUFNAHME: EIN BLICK ZURÜCK VOR DEM BLICK NACH VORN

Am Strand mit den Hunden lasse ich meine Gedanken schweifen. Kann ich es schaffen, meine biologische Uhr zurückzudrehen? Wie soll ich diese Veränderung angehen? Am besten, ich beginne dort, wo ich gerade stehe, und mache erst einmal eine Bestandsaufnahme.

Ich liebe mein Leben. Mein Unfall hat mir früh verdeutlicht, welchen Wert es hat. Ich bin dankbar für seine ganze Fülle. Natürlich habe ich auch Sorgen und schlechte Tage, grundsätzlich aber ist mein Name Programm: Felix bedeutet »der Glückliche«. Den haben meine Eltern gut ausgewählt! Mein Optimismus ist unerschütterlich.

Auch was die äußeren Faktoren betrifft, habe ich in vielerlei Hinsicht die besten Voraussetzungen für ein erfülltes, zufriedenes Leben. Das beginnt schon beim Materiellen. Es heißt zwar immer, Geld mache nicht glücklich, dem aber kann man wissenschaftliche Daten entgegenhalten. So sind Menschen in reichen Nationen im Schnitt glücklicher als Menschen in armen Ländern. Ich lebe in der Schweiz, einem der Länder mit dem höchsten Wohlstand weltweit. Der eigene Kontostand beeinflusst laut Studien auch die Lebenszufriedenheit, was mir einleuchtet. Sich sorgen zu müssen, ob das Geld bis zum Monatsende reicht, beim Einkaufen auf jeden Cent achten zu müssen und sich aus Kostengründen nie einfach etwas gönnen zu können, erschwert den Alltag. Das wird wohl jeder bestätigen, der diese Erfahrung schon gemacht hat. Ich bin froh, diese Schwierigkeiten nicht zu haben. Zwar haben mich als Unternehmer durchaus auch mal Geldsorgen wachgehalten, ich musste mir jedoch noch nie Gedanken machen, ob ich mir die nächste Mahlzeit leisten kann.

Den Sylturlaub im Januar habe ich schon immer genutzt, um Bilanz zu ziehen und Neues zu planen. Jetzt ist dieser Prozess intensiver denn je. Ich will verstehen, an welchen Stellen ich falsch abgebogen bin und wie ich meinen Weg neu finde. Deshalb blicke ich zurück bis in meine Kindheit.

Ich bin ein Lehrerkind. Mein Vater unterrichtete an einer Realschule, meine Mutter arbeitete an der Waldorfschule, auf die ich ging. Ich geriet als Kind früh in Konflikt mit der Waldorfpädagogik. Sie beruht auf der von Rudolf Steiner entwickelten Anthroposophie, einer esoterischen Weltanschauung, mit der ich bis heute wenig anfangen kann.

An Waldorfschulen läuft einiges anders als an »normalen« Schulen. Mich ärgerte als Kind vor allem, dass ich wegen Steiners Ideen nicht Fußball spielen durfte. Wir lebten in der Nähe von Trier auf dem Land. Alle Jungs in meinem Umfeld kickten. Mir aber wurde gesagt, das sei zu gewalttätig. Stattdessen musste ich Geige spielen, obwohl ich weder Lust dazu hatte, noch Talent dafür besaß. Seit ich frei entscheiden durfte, habe ich nie wieder musiziert.

Zu Hause hatten wir keinen Fernseher – auch eine Waldorfmaxime. Wenn andere Kinder über die neuesten Serien sprachen, konnte ich nicht mitreden und fühlte mich als Außenseiter. Zudem war ich als Kind etwas übergewichtig. Ich erinnere mich bis heute, wie ich deswegen gehänselt wurde. Wenn ich zurückblicke, sehe ich einen Jungen vor mir, der sich nach Anerkennung sehnte.

Allerdings war ich bereits in jungen Jahren gut darin, mir Ziele zu setzen und diese zu erreichen. Mein erster Coup war mein Wechsel von der Waldorfschule auf ein staatliches Gymnasium. Einer der Gründe für meinen Wechselwunsch war, dass ich mich messen und vergleichen wollte. Da es auf der Waldorfschule erst ab der Oberstufe Noten gibt, wusste ich nie, wo ich wirklich stand. Das gefiel mir nicht.

Als ich diesen Wunsch in die Tat umsetzen wollte, hatte ich hohe Hürden vor mir, denn mein Umfeld war dagegen. Machte es doch einen schlechten Eindruck, wenn der Sohn einer Waldorflehrerin ins staatliche Schulsystem wechselte! Ich weiß noch, wie bei einem Termin drei Lehrer gleichzeitig vor mir saßen und mich davon überzeugen wollten, dass ich es an einem Gymnasium nicht schaffen würde. Es war ein regelrechtes Tribunal: Drei Erwachsene versuchten gemeinsam, einem Jugendlichen einzureden, dass er ein Loser ist! Ich ließ mich jedoch nicht entmutigen. Kurzerhand stellte ich mich allein, ohne Begleitung meiner Eltern, dem Direktor des nahe gelegenen Gymnasiums vor. Offensichtlich machte ich einen guten Eindruck, denn er gab mir eine Chance. Zu Recht – ich hängte mich rein und blieb nicht sitzen, sondern hielt problemlos mit.

Im Rückblick bin ich davon überzeugt, dass durch diese Erfahrung ein Grundstein für meine Zielstrebigkeit und meinen Optimismus gelegt wurde. Ich glaube bis heute fest daran, dass ich alles erreichen kann, was ich mir vornehme, wenn ich nur hart genug dafür arbeite.

Kurz nach meinem Schulwechsel trennten sich meine Eltern. Meine Schwester und ich zogen mit meiner Mutter nach Hamburg, mein Bruder blieb bei meinem Vater.

In Hamburg machte ich meine ersten Schritte in Richtung Unternehmerdasein. Mit 16 Jahren wollte ich nicht mehr bei meiner Familie leben, hatte aber weder eine eigene Wohnung noch Geld für meinen Lebensunterhalt. Also schmiedete ich einen Plan!

In der Nähe meiner Schule, im Stadtteil Wandsbek, lag ein größeres Altersheim. Ich stellte mich dort vor und fragte, ob ich dort wohnen dürfe, wenn ich Einkäufe und Botengänge für die Senioren erledigte. Ich durfte. Ich bekam ein Zimmer und konnte mich in der Küche selbst versorgen. Es lief super. Ich mochte die

Arbeiten und Aufträge, die mir die alten Leute gaben. Mir gefiel es, Menschen zu unterstützen. Zudem bekam ich von den Omas und Opas reichlich Trinkgeld, Geldsorgen hatte ich also keine.

Heute wäre so ein Arrangement garantiert nicht mehr möglich bei den vielen Regeln und Auflagen, die es mittlerweile gibt. Vielleicht hatte ich es aber auch damals vor allem der eher unkonventionellen Heimleitung zu verdanken, dass ich in so jungen Jahren diesen großen Schritt in die Selbstständigkeit machen konnte.

Nach dem Schulwechsel in Trier war dies mein zweiter großer Erfolg, der mich merken ließ: Ich war in der Lage, mit mutigen Ideen mein Leben zu meistern! Das klingt viel selbstbewusster, als ich damals war. Trotz dieser Erfahrungen traute ich mir über viele Jahre zu selten zu, in dieser Form mein eigenes Ding zu machen.

Mich plagte zum Glück zwar kein Imposter-Syndrom, das Menschen glauben lässt, sie hätten ihre Erfolge nicht verdient. Doch als Kind und Jugendlicher hatte ich mit größeren Selbstzweifeln zu kämpfen. Erst allmählich haben mir meine Erfolge geholfen, selbstbewusst zu werden.

Ich habe ja schon erwähnt, dass ich in meiner Jugend geschauspielert habe. Mein Weg dorthin begann mit einem Zufall: An der Schule in Wandsbek wurden Teile einer Fernsehserie gedreht: *Vater braucht eine Frau* mit Klaus Wennemann. Ich weiß nicht, ob sich noch irgendjemand an diese Serie erinnert. Für uns Schüler war das natürlich aufregend. Wir durften als Statisten die Klassenzimmer füllen. Die Sprechrollen gingen an junge Schauspielerinnen und Schauspieler, die über eine Agentur vermittelt wurden.

Als Statist saß ich für einen Dreh neben einem dieser Schauspieler. In mindestens einem Dutzend Anläufe schaffte er es nicht, seinen Text fehlerfrei aufzusagen. Klaus Wennemann war ziemlich genervt und wollte die Szene endlich im Kasten haben. Er fragte ausgerechnet mich, ob ich übernehmen könne. Wahrscheinlich konnte jeder im Raum die wenigen Sätze in- und auswendig, an denen der arme Schauspielnovize gescheitert war. Ich brachte sie jedenfalls nach einer kurzen Übungspause auf Anhieb fehlerfrei heraus. So hatte ich meinen ersten Auftritt im Fernsehen!

Kurz darauf nahm mich eine Schauspielagentur unter Vertrag und ich bekam mehrere Rollen. Einmal stand ich sogar mit Christoph Waltz, der später zwei Oscars gewann, vor der Kamera. Bei meiner Anmeldung an einer Musicalschule sah ich meinen Lebensweg schon vor mir: Vom Kind, das ohne Fernseher aufgewachsen war, zum Schauspieler!

Rückblickend wundert es mich nicht, dass es mir Spaß machte, in verschiedene Rollen zu schlüpfen und auf der Bühne beziehungsweise vor der Kamera zu stehen. Ich war ein junger Mensch, der sich Aufmerksamkeit und Bestätigung wünschte, und die bekam ich durch die Schauspielerei. Doch rechtfertigte das allein eine Berufswahl?

Heute erscheint es mir absurd, wie die Gesellschaft verlangt, dass man sich so jung für einen Beruf entscheidet, den man möglichst ein Leben lang ausüben wird, oder zumindest für ein Studium, das oft schon starke Weichen setzt. Wie soll man in dem Alter wissen, welche Arbeit einen langfristig erfüllt?

Wäre ich in einem anderen Leben, ohne meinen Unfall, auf Dauer mit der Schauspielerei glücklich geworden? Oder hätte mir etwas gefehlt? Ich weiß es nicht. Jedenfalls entschloss ich mich infolge meines Unfalls, Arzt zu werden, und denke heute, dass dieser Beruf sehr viel stärker mit meinem Antrieb und meinen Werten übereinstimmt als die Schauspielerei.

Es ist schon erstaunlich, wie oft Zufälle Entscheidungen beeinflussen. Ohne den jungen Unfallchirurgen, der mich so fürsorglich betreute, hätte ich womöglich einen schlechteren Eindruck von Ärzten und Ärztinnen gewonnen und die Medizin nicht für mich in Betracht gezogen. Welch ein glücklicher Zufall, dass mich jemand behandelte, den ich mir zum Vorbild nehmen konnte.

Durch den Medizinertest schaffte ich es ins Studium, mein Abitur wäre nicht gut genug gewesen. Das Lernen an der Uni fiel mir viel leichter als in der Schule, weil ich besser den Sinn darin erkennen konnte.

Mein ursprünglicher Plan war, Unfallchirurg zu werden wie mein Vorbild. Doch die oft sehr lange dauernden Operationen in der Unfallchirurgie konnte ich körperlich nicht bewältigen. Das stundenlange Stehen mit schwerer Bleischürze – oft muss man während eines Eingriffs röntgen und sich deshalb vor der Strahlung schützen – war mit der Beinprothese zu schmerzhaft.

So fand ich meine medizinische Heimat in der Hautchirurgie. Hier konnte ich auch meinen Sinn für Ästhetik einbringen, weil es neben einem medizinisch einwandfreien zusätzlich um ein möglichst ansprechendes Ergebnis geht. Ich hatte gerade meine Facharztprüfung absolviert, als sich mir die Gelegenheit bot, eine kleine Dermatologiepraxis in der Schweiz zu übernehmen. Ich griff zu.

Ich war und bin überzeugt, dass neben der medizinischen Qualität – die muss exzellent sein, sonst ist alles andere hinfällig – noch viele andere Aspekte wichtig sind, damit sich Patientinnen und Patienten wohlfühlen. Das beginnt beim ersten Anruf in der Praxis und der Gestaltung der Räumlichkeiten.

Schon früh habe ich mich gefragt, warum sämtliche Praxen und Kliniken weiß gestrichen sind und nach Desinfektionsmittel riechen. Das ist doch kein Naturgesetz. In meiner eigenen Praxis wollte ich eine angenehme Atmosphäre schaffen, angefangen bei der Farbgestaltung über Stoffe bis hin zu Düften. Es macht mir Spaß, die Räume nun nach meinen Vorstellungen einzurichten.

Wahrscheinlich gründet sich der Wunsch nach einer ansprechenden Umgebung in meiner eigenen Erfahrung als Patient. Nach der ersten Operation hatte ich eine schwere Knocheninfektion entwickelt, weshalb mir ein weiteres Stück des Beines amputiert werden musste. Ich weiß noch, wie ich in den Operationssaal geschoben wurde: An der Decke fehlte eine Deckenplatte. Eine Pflegekraft trank gerade einen Energydrink, neben ihr lag eine Bananenschale. Ich war 19 Jahre alt, verlor gerade ein weiteres Stück meines Beines, und konnte spüren, wie meine Angst durch diese Umstände noch verstärkt wurde.

Bis heute gehe ich in meinen Kliniken die Wege entlang, die Patientinnen und Patienten nehmen, und prüfe, wie alles auf mich wirkt. Nur wenn die Umgebung eine beruhigende und saubere Ausstrahlung hat, bin ich zufrieden. Meine Angestellten halten es genauso.

Auch einen Leitfaden für Patientengespräche entwickelte ich, um diese so zugewandt und professionell wie möglich zu führen. Das Konzept ging auf. Nach kurzer Zeit war ich so gefragt, dass ich über Monate hinweg ausgebucht war.

In dieser Situation befinden sich viele Ärztinnen und Ärzte und nehmen als Konsequenz daraus dann keine neuen Patienten mehr an. Ich entschied mich für einen anderen Weg: Ich fragte stattdessen eine Kollegin, ob sie bei mir arbeiten wolle. Sie sagte zu. So hatte ich nur drei Monate nach meiner Praxiseröffnung eine erste angestellte Ärztin!

Die Praxis wuchs weiter, weil ich es vorantrieb. Nach drei Jahren waren wir fünf Ärztinnen und Ärzte. Auf dieser Stufe lief es rund zehn Jahre, bis mich 2018 das Gefühl packte, noch mehr im Leben erreichen zu wollen. So entschloss ich mich, eine Hautklinik zu eröffnen. Ich fand ein passendes Gebäude im Rohbau, dessen Innenausbau ich mitgestalten konnte.

Wie schon in meiner Praxis waren mir die Details wichtig. Ich wollte ein unverwechselbares Erlebnis schaffen. In meiner Klinik sollten sich die Menschen wohlfühlen. Nach kurzer Zeit eröffnete ich weitere Standorte, bis ich schließlich fünf Kliniken mit insgesamt 150 Angestellten hatte. Dazu kamen die Hautpflegelinie und das Restaurant – der Erfolg war wie ein Rausch.

Rausch ist definitionsgemäß ein Glückgefühl, das jemanden über seine normale Gefühlslage hinaushebt. Doch Rausch hat auch eine medizinische Bedeutung: Es ist der Ausnahmezustand, den Drogen und Alkohol hervorrufen. Ich war in einem Rausch des Unternehmertums.

Viele Menschen, die Unternehmen gegründet haben, erzählen, wie viel sie für ihre Arbeit geopfert haben. Ich kann bestätigen, wie stark andere Teile des Lebens leiden, wenn man komplett in der Arbeit aufgeht. Nur merkte ich nicht einmal, dass mir wichtige Aspekte abhandenkamen. Ich vermisste nichts. Auch das geht vermutlich vielen Unternehmern und Unternehmerinnen so.

Für Sport zum Beispiel hatte ich in den vergangenen Jahren so gut wie nie Zeit. Gegessen habe ich oft nebenbei im Stress, ohne wirklich darauf zu achten, was für ungesunde Lebensmittel ich da gerade in mich reinschaufelte.

Das Ergebnis meines Alterstests hat mich auch deshalb so bestürzt, weil es schonungslos etwas offenlegte, das ich vor mir selbst verheimlicht hatte: Ich war auf Kosten meiner Gesundheit dem Erfolg nachgejagt.

Jetzt, übermüdet am Sylter Strand, frage ich mich: Warum habe ich mir diesen ganzen Stress angetan? Warum war ich nicht mit meiner Praxis mit ein paar Angestellten zufrieden? Mir wird bewusst, dass ich damals das Leben mehr genossen habe. Jetzt fühle ich mich wie der Gefangene meines Erfolges.

Ich bin in einer Zeit vor Smartphones und Social Media aufgewachsen und trotzdem keineswegs frei davon, mich zu fragen, was andere Leute von mir denken. Vermutlich ist es heutzutage für jüngere Menschen noch schwieriger, sich von den gefühlten Erwartungen anderer zu entkoppeln. Influencer geben vor, wie man sich kleidet, was Erfolg ausmacht, wie ein Urlaub aussehen muss. Alles wird geteilt und gelikt – oder eben nicht. In diesem Umfeld einen Stopp einzulegen und in sich hineinzuhorchen, was man selbst will, anstatt zu tun, was angesagt erscheint, ist schwer. Doch wie gesagt – offenbar kann man diesen Druck auch ohne eine Insta-Jugend spüren. Ich erinnere mich an den pummeligen Jungen, der im Sportunterricht immer als Letzter in die Mannschaft gewählt wurde und der sich so sehr nach Anerkennung sehnte. Wenn ich ehrlich bin, treibt mich dieser Wunsch immer noch zu sehr an.

Ich schaue zu Amy und Lionel. Amy ist ein ungarischer Hirtenhund, schneeweiß mit dunklen Knopfaugen. Sie wurde in Ungarn in einem Käfig gehalten. Als sie 2018 zu mir kam, war sie so schwer traumatisiert, dass sie sich selbst den Schwanz abgebissen hatte. Wie panisch und verzweifelt sie in diesem Käfig gewesen sein muss! Ich werde nie begreifen, wie Menschen so grausam zu Tieren sein können.

Nach ihrer Ankunft in der Schweiz wurden bei ihr Herzwürmer festgestellt, die sie mithilfe von Medikamenten aber zum Glück losgeworden ist. Amy merkt, dass es mir nicht gut geht, und weicht nicht von meiner Seite. Eine treue Freundin.

Lionel ist ein Greyhound. Ich weiß nicht, ob er zu langsam für Hunderennen war oder nicht jagen wollte. Er stammt aus Spanien, wo ihn eine Tierschutzorganisation gerettet hat. Ich habe ihn 2018, am Tag meiner Klinikeröffnung, zu mir holen können. In meinem Büro in der Klinik hängt ein großes Porträt von ihm. Weil er so gern im Weg steht und bockig ist, hat er einen Spitznamen: Esel. Lionel liebt es, zu kuscheln. Er ist dabei überhaupt nicht wählerisch, sondern lässt sich von jedem streicheln.

Während Amy ein Ausbund an Gefühlen ist, ist Lionel immer im gleichen Modus. Ich liebe sie beide. Wenn ich mir diese Hunde ansehe, die jetzt ein liebevolles Zuhause haben und ein glückliches Leben führen, denke ich, dass ich selbst in meiner größten Stressphase vieles richtig gemacht habe.

Ich rufe den Arzt noch einmal an, der mir die schlechte Nachricht überbracht hat, und frage ihn, ob ich mein biologisches Alter zurückdrehen kann. Zu meiner Freude ist seine Antwort eindeutig: Ja! Das sei möglich. Jedoch nur, so schiebt er hinterher, wenn ich bereit sei, meine Lebensweise ehrlich zu überprüfen und zu verändern.

Wenn ich meine Lebensjahre zurückgewinnen will, muss ich gesünder leben, das ist mir klar. Doch mir geht es um mehr als das. Ich möchte nicht mehr weitermachen wie bisher! Ich will wieder bewusster leben. Mein Leben mehr genießen.

Ich nehme mir fest vor, einiges zu ändern. Dafür brauche ich einen Plan. Wie meine Vergangenheit zeigt, war ich zum Glück schon immer gut darin, Pläne zu schmieden und sie umzusetzen. Also ist das mein nächster Schritt.

## MEIN PLAN: AUF DIESEN DREI SÄULEN STEHT EIN GLÜCKLICHES UND ERFÜLLTES LEBEN

Wie vermutlich viele andere Menschen auch habe ich mir schon oft vorgenommen, meinen Lebensstil gesünder zu gestalten, nur um kurz darauf wieder in den alten Trott zu verfallen. Daher ist klar: Ich brauche keine weiteren guten Vorsätze, sondern eine nachhaltige Veränderung. Und die kann – davon bin ich überzeugt – nur gelingen, wenn ich Freude an dem habe, was ich jetzt ändern will.

Zehn Lebensjahre mehr, die ich nur damit verbringe, verbissen auf meine Gesundheit zu achten, wären für mich zum Beispiel kein Gewinn. Ebenso wenig zehn Lebensjahre mehr, die ich stark eingeschränkt verbringe, weil ich gebrechlich und schwer chronisch krank bin.

Natürlich wäre es ein Leichtes, nun einen Ratgeber zu kaufen, der Tricks für ein gesünderes Leben gibt oder Tipps, wie man möglichst gesund alt wird. Ich möchte aber mehr als das; ich will nicht nur wissen, wie ich länger gesund lebe, sondern ich will auch ergründen, wie ich diese Zeit erfüllt verbringe. Mir fehlt jemand, der diese Themen alle zusammendenkt. Also mache ich das jetzt selbst.

Um ein entsprechendes Konzept zu entwickeln, überlege ich, auf welchen Säulen aus meiner Sicht ein gutes Leben beruht.

Als Erstes kommt mir, wenig verwunderlich, die Gesundheit in den Sinn. »Ein gesunder Mensch hat tausend Wünsche, ein kranker nur einen.« Als Arzt bin ich vielen Menschen begegnet, die an schweren, lebenseinschränkenden Krankheiten litten, und weiß daher genau, wie wahr dieses Sprichwort ist. Gesundheit ist die Basis eines selbstbestimmten Lebens.

Ich beschließe daher, dass ich das Thema Gesundheit zuerst angehen will, und frage mich: Was will ich verbessern? Und wie kann mir das gelingen?

Einen groben Fahrplan habe ich schnell vor Augen: Als Erstes will ich meine Schlafprobleme angehen, und zwar sofort, noch hier auf Sylt. Möglichst direkt nach dem Urlaub will ich mit einem Sportprogramm starten. Meine Ernährung ist schon jetzt grundsätzlich in Ordnung, daher ist es nicht so dringlich wie bei Schlaf und Sport, hieran etwas zu verändern. Trotzdem werde ich mich auch mit diesem Thema befassen. Und schließlich möchte ich an meinem Umgang mit Stress arbeiten.

Die zweite tragende Säule für ein gutes Leben ist für mich die persönliche Entwicklung. Damit meine ich die bestimmenden Tätigkeiten, die Menschen herausfordern und an denen sie wachsen. Teil hiervon ist der Beruf, der im besten Fall eine Berufung darstellt. Dazu kommen andere große Lebensaufgaben, von Kindererziehung über Leistungssport bis zum Ehrenamt, um ein paar Beispiele zu nennen.

Bei mir ist das so: Ich bin mit voller Energie erst Arzt und dann Unternehmer geworden. An den Herausforderungen, die sich mir auf diesem Weg stellten, bin ich gewachsen. Problematisch ist jedoch – und dies wird mir erst jetzt so richtig bewusst –, dass ich irgendwann das Maß verloren und die andere Säule, die Gesundheit, vernachlässigt habe. Künftig will ich weniger Zeit und Nerven in meine Arbeit investieren als in den vergangenen Jahren.

Ich habe heute den Luxus, dass ich relativ frei entscheiden kann, wie ich meine Zeit einteile. Das war während des Aufbaus der Klinikkette schlicht nicht möglich und im Rausch des Erfolgs habe ich darüber nicht nachgedacht.

In meiner Position bekomme ich oft Anfragen für die verschiedensten Projekte. Trotz chronischer Zeitnot habe ich bislang nahezu immer zugesagt. Ich nehme mir vor, Anfragen ab jetzt kritisch zu prüfen und nur noch einzusteigen, wenn mich etwas wirklich interessiert.

Es gibt eine dritte wichtige Säule, die mein Leben trägt: meine Beziehungen. In diesem Zusammenhang werde ich einen Satz meines Vaters nie vergessen. Er war nicht lange, nachdem meine Eltern sich getrennt hatten, an Krebs erkrankt und sagte ihn kurz vor seinem Tod. Ich weiß noch, wie ich, gerade 23-jährig, neben seinem Bett saß und ein Buch über den Finanzmarkt las, während er schlief. Als er aufwachte und meine Lektüre sah, sagte er zu mir: »Investiere in Erinnerungen, nicht in Aktien.«

Dieser Satz hat mich seither durch mein Leben begleitet und kommt mir auch jetzt in den Sinn.

Denn welche Momente sind es, an die wir uns besonders erinnern? Vor allem jene, die wir mit jemandem geteilt haben, in denen wir Beziehungen aufgebaut, erlebt, vertieft und genossen haben. Ich vermute, niemand wird auf dem Sterbebett mit Zufriedenheit darauf zurückblicken, dass sich das letzte Aktien-Investment gelohnt hat. Wegen meines starken Fokus auf die Arbeit habe ich meine wichtigen Beziehungen vernachlässigt. Ich nehme mir daher vor, ab jetzt noch aufmerksamer auf diese zu achten. Ich bin nicht einsam, im Gegenteil. Doch ich habe fürchterlich viele Pflichttermine in meinem Kalender. Ich brauche nicht mehr Kontakte, sondern weniger – und zwar die, die meinem Gegenüber und mir guttun. In Zukunft möchte ich mehr Zeit mit den Menschen (und Tieren!) verbringen, die mir wirklich etwas bedeuten.

(Ein kurzer Hinweis: Ich lebe in einer glücklichen Beziehung. Dass ich in den folgenden Kapiteln nicht erzähle, wie meine Freundin meine Lebensstiländerungen begleitet, oder andere Details preisgebe, hat einen simplen Grund: Wir haben gemeinsam entschieden, dass unser Privatleben privat bleibt.)

Ich nehme mir ein Blatt und notiere die drei tragenden Säulen:

» Gesundheit
» persönliche Entwicklung
» Beziehungen

Zuerst zeichne ich drei Säulen und ein Dach. Doch das trifft es nicht, denn die Säulen stehen nicht getrennt voneinander. Vieles, das uns wichtig ist, fällt nicht nur in einen dieser Bereiche, sondern in zwei oder sogar drei. Ein Beispiel: Wer Sport in einem Verein treibt, fördert damit nicht nur die Gesundheit, sondern wahrscheinlich auch seine Beziehungen – und eventuell auch die persönliche Entwicklung, wenn etwa die Betreuung einer Jugendgruppe oder Ähnliches dazu kommt.

Mit einem Perspektivwechsel lässt sich besser darstellen, dass die Säulen nicht getrennt voneinander sind. Wenn ich von oben auf sie schaue, ähneln sie einem Mengendiagramm.

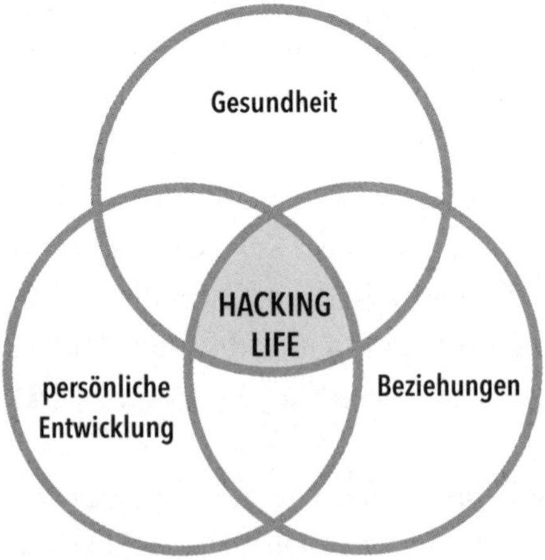


Dabei fällt mir etwas auf: Wird eine dieser Säulen langfristig vernachlässigt – oder werden es gar zwei –, schaden wir uns damit:

Wer wie ich vor allem in die berufliche Entwicklung und in Beziehungen investiert, wird irgendwann krank.

Wer sich auf seine berufliche Entwicklung konzentriert und gesund lebt, aber sich nicht um Beziehungen kümmert, vereinsamt.

Und wer zwar schöne Beziehungen hat und gesund lebt, aber die persönliche Entwicklung vernachlässigt, dem fehlt eine Bestimmung – und er oder sie wird womöglich arm, weil diese Säule den Beruf beinhaltet.

Dass in bestimmten Phasen eine Säule dominiert, passiert wahrscheinlich in jedem Leben. Doch ein Dauerzustand sollte es nicht werden.

Ein Extrembeispiel für den Fokus auf Arbeit und Gesundheit bietet der über die Longevity-Szene hinaus bekannte Tech-Multimillionär Bryan Johnson. In Berichten über ihn heißt es, er esse die letzte Mahlzeit am Tag um 11 Uhr vormittags, gehe immer um 20:30 Uhr ins Bett, schlucke täglich mehr als hundert Pillen, Pulver und Pasten. Johnson hat offenbar sein Leben dem Ziel untergeordnet, das Altern mit aller Macht aufzuhalten. Ich kenne ihn nicht, es mag sein, dass ihn dieser Lebensstil glücklich macht. Mir wäre das zu freudlos. Ich befürchte, dass Beziehungen zu anderen Menschen zu kurz kommen, wenn alles nur auf die eigene Gesundheit ausgerichtet ist. Das will ich vermeiden. Ich treffe mich gern mit Freunden und sitze auch noch nach 20:30 Uhr mit ihnen zusammen. Ich esse gern, auch abends. Außerdem bin ich skeptisch, ob mehr als hundert Pillen am Tag wirklich zielführend sind.

Als ich mit dem Arzt des Testanbieters sprach, erzählte er mir, dass es vor allem zwei Gruppen sind, deren biologisches Alter ihr chronologisches deutlich übersteigt. Die eine Gruppe besteht aus Menschen wie mir, oft Unternehmer oder Geschäftsführerinnen, die ihre Gesundheit aus den Augen verloren haben und im Dauerstress vorzeitig altern. Die andere Gruppe bestehe aus denjenen, die sich zu sehr um ihre Gesundheit kümmern, es mit dem Sport übertreiben und täglich Dutzende Nahrungsergänzungsmittel schlucken. Sie davon zu überzeugen, dass dieses Übermaß schadet, sei oft besonders schwierig, vertraute mir der Mediziner an.

Zwar priorisiere ich zu Beginn meiner Reise die Säule Gesundheit als den Bereich mit dem größten Nachholbedarf. Aber ich will nicht Bryan Johnson nacheifern, sondern einen Weg finden, der mit meiner Vorstellung von einem guten Leben vereinbar ist. Ich bin selbst gespannt, wie gut mir das gelingen wird. Der optimale Zustand ist für mich erreicht, wenn alle drei Säulen im Gleichgewicht sind.

Mein Anstoß war zwar, mein biologisches Alter zurückzudrehen – »Hacking Age« –, aber je länger ich darüber nachdenke, desto mehr wird mir bewusst, dass mein Ziel darin besteht, diese drei Säulen in Einklang miteinander zu bringen. Das ist ungleich mehr, nämlich »Hacking Life«.

### Die Perspektive wechseln

Natürlich bilden diese drei Säulen nicht alle Aspekte des Lebens ab. Schicksalsschläge zum Beispiel können das Leben von einem Tag auf den anderen verändern. Das weiß ich, weil ich es erlebt habe. Zur Wahrheit gehört aber: Menschen gehen mit Schicksalsschlägen sehr unterschiedlich um, und die eigene Einstellung spielt dabei eine große Rolle.

Ich werde regelmäßig auf meine Beinprothese angesprochen. Menschen sagen mir, dass mein Unfall furchtbar gewesen sein muss, und fragen, wie ich das verarbeiten konnte. Ich antworte dann, dass ich es nicht als schlimm empfinde, sondern diesem Unfall sogar viel verdanke. Schließlich hat er mich zu dem Punkt geführt, an dem ich heute stehe. Das Schicksal hat es langfristig sehr gut mit mir gemeint. Was ich sehr empfehlen kann, wenn jemand gerade mit dem eigenen Schicksal hadert: die Situation aus einer anderen Perspektive zu betrachten. Was hätte an dieser Kreuzung in Hamburg mit dem 19-jährigen Felix alles passieren können? Er hätte vollständig gelähmt werden können. Er hätte sterben können.

Das Folgende mag kurios klingen, aber ich fühle es genauso: Wäre mir ein Engel erschienen und hätte mir gesagt, ich würde wegen eines Unfalls eine Gliedmaße verlieren, dürfe aber entscheiden, was mir fortan fehle – ich hätte dieses Bein gewählt. Mit nur einer Hand hätte ich meinen Beruf nicht ausüben können. Auch im Rollstuhl wäre das nicht möglich gewesen.

Zudem habe ich das Glück, medizinisch ausgezeichnet versorgt zu sein, zuerst in Deutschland, inzwischen in der Schweiz. Ich besitze zwei Top-Prothesen, zwischen denen ich wechseln und mit deren Hilfe ich ein völlig normales Leben führen kann. Es gibt leider mehr als genug Länder auf der Welt, in denen Beinamputierte vergeblich auf eine Prothese hoffen. Das habe ich selbst erlebt, als ich als junger Arzt ein Jahr lang in Südafrika war und im Kalafong Hospital in den Slums bei Pretoria gearbeitet habe. Fast alle Patientinnen und Patienten dort waren HIV-positiv. Viele litten an Aids, also der Immunschwäche und den damit verbundenen Krankheiten, die mehrere Jahre nach der HIV-Infektion einsetzen, wenn man diese nicht therapiert. Außerdem kamen ständig Menschen mit schrecklichen Verletzungen durch Gewalttaten in die Klinik. Ich sah dort Patienten, in deren Körper eine Axt steckte.

In einer Abteilung wurden Menschen mit frisch amputierten Gliedmaßen versorgt. Einige hatten ein Bein verloren, weil sie auf eine Mine getreten waren, andere hatten sich bei ihrer Arbeit im Bergbau schwer verletzt, wieder andere waren in einen Auto- und Motorradunfall verwickelt gewesen. Nicht einer dieser Menschen erhielt eine Prothese. Wer Glück hatte, bekam Krücken aus Holz, die bis unter die Achseln reichten, und konnte sich fortan damit humpelnd fortbewegen. Manche schraubten kleine Plastikräder unter ein Brett und bastelten sich so eine Art rudimentäres Skateboard, auf dem sie sich sitzend durch die Gegend schoben. Ich werde bestimmt nicht klagen über meine Hightechprothesen aus Carbon, die mir ein normales Leben inklusive Sport ermöglichen.

Vieles im Kalafong Hospital verdeutlichte mir, was für ein Glück es ist, in Europa geboren zu sein. In der Notaufnahme war es die Aufgabe von Medizinstudierenden, den Patienten farbige Sticker zuzuordnen: rot stand für reanimationspflichtig oder tot. Gelb für dringlich. Grün konnte warten. Ich möchte nicht wissen, wie hoch die Fehlerquote allein bei dieser Triage war. Oft führten wir Reanimationen direkt im Wartebereich durch. In Hamburg hatte mich eine fehlende Deckenplatte im irritiert. Hier kreisten Fliegen rund um den OP-Tisch. Ich sah dort viele Menschen sterben, denen wir nicht helfen konnten, die aber in einem europäischen Krankenhaus mit großer Sicherheit überlebt hätten.

In einer Nacht während meiner Schicht benötigte eine hochschwangere, aidskranke Patientin einen Notkaiserschnitt. Diesen Eingriff hatte ich noch nie vorgenommen. Der Oberarzt war betrunken und schlief. Als er deswegen aufgeweckt wurde, war er ungehalten. Er meinte, ich solle das erledigen. Ich ließ nicht locker, bis er aufstand und an den OP-Tisch trat. Im Rausch konnte er das Skalpell nicht richtig kontrollieren, mehrmals schnitt er mich beinahe. Hätte er mich mit dem blutigen Skalpell verletzt, hätte er mich vermutlich mit HIV infiziert. Zwar gab es damals schon HIV-Medikamente, aber nicht auf dem heutigen Niveau. Der achtlose Umgang mit der Gesundheit, sogar dem Leben anderer Menschen schockierte mich. Die Patientin und ihr Kind überstanden zum Glück den Eingriff.

## Ein einfaches Konzept für jede Lebenslage

Ich bin froh und dankbar, dass mich heute nicht derart existenzielle Themen beschäftigen, sondern ich mir Gedanken darüber machen kann, wie ich mein Leben gesund und erfüllt gestalte.

Meine drei Säulen bieten mir für den Neustart eine praktische Hilfe. Sie lassen mich die Themen ordnen, die ich angehen will. Ich bin guter Dinge, dass sie mich davon abhalten, zu stark in eine Richtung zu laufen und so wichtige Themen zu vernachlässigen.

Je länger ich über das Konzept der drei Säulen nachdenke, desto überzeugter bin ich, dass jede und jeder das eigene Leben auf diese Weise betrachten kann. Wenn ich mit Menschen spreche, erscheinen mir ihre Lebensentwürfe oft sehr komplex; gleichzeitig nehme ich häufig wahr, dass vielen gar nicht bewusst ist, an welchen Themen oder Konflikten sie arbeiten könnten. Die drei Säulen bieten eine einfache Struktur, um dies zu ordnen, Ungleichgewichte zu erkennen – und positive Änderungen anzustoßen.

# SÄULE 1

# GESUNDHEIT

# GUTE NACHT: WIE ICH WIEDER SCHLAFEN LERNE

Jetzt ist es Zeit für den ersten Schritt: Ich will nachts wieder zur Ruhe finden, um tagsüber Kraft für all das zu haben, was ich tun möchte, und um in Stressmomenten gelassen zu bleiben. Außerdem wird es mir ohne einen besseren Schlaf als Basis nicht gelingen, Sport zu treiben. Ich beginne auch hier mit einem Blick zurück, diesmal auf die vergangenen Jahre, um mir klarzumachen, wie sich mein Schlaf immer weiter verschlechtert hat.

## Wie mir mein Schlaf entglitten ist

Ich hatte Erfolg beim Aufbau meines Unternehmens und war damit grundsätzlich zufrieden. In den vergangenen Jahren aber begannen mich ständig Sorgen umzutreiben. Das Unternehmen war und ist gefühlt ein Teil von mir, weshalb ich lange Zeit alles, was darin vorging, sehr persönlich nahm. Jede Kündigung tat weh, jede Kritik schmerzte.

Viele Mitarbeitende laden vieles beim Chef ab – und zwar nicht die guten und schönen Erlebnisse, sondern ihren Frust und Ärger. Als etwa in einer Krisenphase des Unternehmens mehrere Beschäftige gekündigt hatten und feierten, sie würden das sinkende Schiff verlassen, tat mir das auf persönlicher Ebene weh.

Zudem war mein Zeitdruck riesig, ebenso der finanzielle Druck, unter dem ich stand. Menschen verstehen oft nicht, dass auch größere Unternehmen extrem eng kalkulieren müssen und in Schieflage geraten können. Je höher die Summen sind, die man jonglieren muss, desto größer ist auch die Fallhöhe. Dann sitzen einem die Banken im Nacken. Es mag Menschen geben, die in solchen Situationen friedlich schlafen können, ich gehöre leider nicht dazu.

Von morgens bis abends waren meine Tage mit »Troubleshooten« gefüllt, ich musste ein Problem nach dem anderen lösen.

Für die strategische und visionäre Arbeit, die ich liebe, hatte ich oft erst abends oder am Wochenende Zeit. An vielen Tagen hatte ich mich körperlich kaum bewegt, während mein Geist überdreht und rastlos war. Wenn ich ins Bett ging, hörten die Gedanken nicht auf zu kreisen. So begann die Abwärtsspirale, die zu starken Schlafstörungen führte. Verstärkt wurden diese durch Alkohol. Um abends runterzukommen, hatte ich früher gelegentlich eine Flasche Bier getrunken. Das hatte in den vergangenen drei Jahren überhandgenommen: Aus gelegentlich wurde erst oft, dann täglich, aus einer Flasche wurden mit der Zeit vier oder sogar sechs.

Und dann kam noch etwas hinzu: Auf einer Flugreise nahm ich ein Schlafmittel, eine sogenannte Z-Substanz, und war begeistert, wie gut es wirkte. Ich war während des Flugs quasi ausgeknockt und fühlte mich bei der Landung richtiggehend erholt. So tief hatte ich ewig nicht mehr geschlafen! Obwohl ich wusste, dass diese Medikamente abhängig machen, warf ich sie zunehmend abends ein – nach dem Bier. Diese Kombination ließ mich zwar einschlafen, doch erholsam war das nicht mehr. Dass es darüber hinaus auch äußerst ungesund war, verdrängte ich.

## Ein Ring bestätigt, wie schlecht ich schlafe

Schon seit dem Sommer 2023 trage ich einen Ring, der viele Körperfunktionen misst. Ich mag solche Gadgets, die mir Informationen liefern. Allerdings muss ich zugeben, dass ich einige Daten dieses Rings, der auch den Schlaf analysiert, zwar gesehen, aus ihnen aber keine Konsequenzen gezogen habe.

Mithilfe des Rings kann ich morgens nachvollziehen, wie lange ich nur leicht geschlafen habe, wann ich in den Tiefschlaf gesunken bin und wann in den sogenannten REM-Schlaf, also den, in dem die meisten Träume stattfinden. Schlafmediziner raten nicht unbedingt dazu, mittels solcher Technik die Nachtruhe zu überwachen. Ein möglicher Nachteil ist, dass schlechte oder auch nur als schlecht wahrgenommene Messwerte erst recht das Gedankenkarussell anwerfen, das den Schlaf verhindert. So können sie im schlechtesten Fall das Gegenteil von dem bewirken, was sie versprechen, und jemanden um den Schlaf bringen. Mir allerdings helfen solche Daten. Außerdem ist bei mir nicht mehr viel zu verschlechtern.

## So definieren Fachleute eine Schlafstörung

Medizinisch spricht man von einer Schlafstörung, der sogenannten Insomnie, wenn jemand einen Monat lang mindestens dreimal pro Woche Probleme beim Ein- oder Durchschlafen hat und von dem Schlafmangel auch tagsüber beeinträchtigt ist. Wer nur gelegentlich schlecht schläft, sollte sich nicht grämen: So wie niemand jeden Tag in Bestform ist, haben alle Menschen auch Nächte, in denen sie in puncto Schlaf keine Höchstleistung erzielen. Ich dagegen habe definitiv eine Insomnie. Wenn ich nur dreimal in der Woche schlecht schlafen würde, wäre ich froh!

Der Ring bestätigt, wie miserabel ich schlafe. Es dauert zu lange, bis ich einschlafe, und der Schlaf selbst ist unruhig und damit wenig erholsam. Mein Puls ist zu hoch, die Herzfrequenzvariabilität (HFV) zu tief. Die HFV gibt an, wie gut das Herz in der Lage ist, sich an Belastung und Ruhe anzupassen, indem es die Geschwindigkeit seines Schlags verändert. Sie zeigt den Einfluss der beiden großen Nervensysteme auf das Herz an, des Sympathikus und des Parasympathikus. Die beiden bilden, zusammen mit dem komplexen Nervensystem des Darms, das sogenannte autonome Nervensystem. Dieses entzieht sich unserer bewussten Kontrolle, steuert aber viele lebenswichtige Prozesse.

Sympathikus und Parasympathikus sind Gegenspieler. Der Sympathikus ist der Fluchtnerv, er wird aktiv, wenn uns Gefahr droht, wenn es schnell gehen muss: Er beschleunigt den Herzschlag, damit insbesondere die Muskulatur für die bevorstehende Aktion gut mit Sauerstoff versorgt ist. Er weitet die Bronchien zum effektiven Atmen und regt die Produktion von Adrenalin an. Gleichzeitig hemmt er die Verdauung – Magen und Darm sollen nicht stören, wenn Handeln angesagt ist. Bei Dauerstress nimmt der Sympathikus zu oft die führende Rolle ein.

Der Parasympathikus bewirkt grob gesagt das Gegenteil, er senkt den Herzschlag und den Blutdruck und lässt die Verdauungsorgane auf Hochtouren arbeiten. Man nennt ihn daher auch den Entspannungsnerv.

Die beiden Nervensysteme, Sympathikus und Parasympathikus, bestimmen gemeinsam den Herzschlag. Die Abstände zwischen den einzelnen Schlägen sind immer etwas unterschiedlich. Wenn aber der Sympathikus überwiegend das Sagen hat, sinkt die Variabilität der Herzfrequenz. Es gibt noch diverse andere Faktoren, die die Variabilität beeinflussen. Nicht nur Stress, auch Alter, Geschlecht, Fitness, Medikamente und bestimmte Erkrankungen wirken sich auf die HFV aus. Der Messwert ist zwar sehr individuell und verändert sich, trotzdem muss man sagen, dass eine auffällig niedrige HFV als ein eher schlechtes Zeichen gilt.

Eine Übersicht mehrerer Studien ergab, dass Menschen mit einer niedrigen HFV ein um 32 bis 45 Prozent höheres Risiko hatten, etwa einen Infarkt zu erleiden, an chronischer Herzschwäche zu erkranken oder eine andere Herzkreislaufkrankheit zu entwickeln beziehungsweise daran zu sterben.

Mein Herz, könnte man sagen, ruft um Hilfe.

## Schlafmittelentzug: zwei Wochen Hölle

Wenn ich wieder besser schlafen will, muss ich das Schlafmittel absetzen, so viel ist klar. Mein jetziger Urlaub, ohne beruflichen

Druck und Termine, erscheint mir als optimale Situation, um damit zu beginnen. Ich lese mich nicht weiter ein, sondern höre einfach auf, abends Schlaftabletten zu schlucken. Auf Bier verzichte ich noch nicht, lieber eins nach dem anderen. Mein Zustand verändert sich bereits in der ersten Nacht, aber nicht zum Guten. Mein Herz rast. Ich schwitze, ich zittere und bin kurzatmig. Meine Muskeln schmerzen, als hätte ich eine Bergwanderung hinter mir. Als ich nachts aufstehe, weil an Schlaf nicht zu denken ist, wird mir schwindelig. Außerdem bekomme ich Angst – auch eine Nebenwirkung des Entzugs.

Am nächsten Morgen fühle ich mich nach der durchwachten Nacht zutiefst erschöpft und gleichzeitig unruhig. Mein Körper, so mein Gefühl, schreit nach dem Medikament. Ich lenke mich, so gut es geht, ab. Mit den Hunden am Strand, an der frischen, kalten Luft, ist es halbwegs auszuhalten. Lesen fällt mir erst einmal zu schwer, weil ich mich nicht richtig konzentrieren kann!

Die zweite Nacht ist nicht besser als die erste. Ich sehne mich nach einer Tablette, um endlich zu schlafen. Was mir hilft, um nicht schwach zu werden, ist, darüber nachzudenken, was ich zu verlieren habe, und was ich gewinnen kann, wenn ich jetzt nicht nachgebe. Wenn ich jetzt durchhalte, ist das der erste Schritt, der alle weiteren ermöglicht. Es wird wahrscheinlich eine Weile dauern, aber es wird wieder normal für mich werden, morgens erholt und voller Tatkraft aufzuwachen, mit Energie für einen erfüllten Tag. In meinem Zustand ist es nicht leicht, sich das auszumalen, aber für dieses Ziel kann ich den Entzug durchstehen.

Ganze zwei Wochen dauert es, bis die schlimmsten Entzugserscheinungen abklingen. Erst später recherchiere ich, dass man diese Schlafmittel mit ärztlicher Begleitung absetzen soll. Am besten reduziert man die Dosis schrittweise, Ärztin oder Apotheker können dazu beraten. Sie auf eigene Faust abzusetzen wird nicht empfohlen, deshalb soll sich bitte niemand an meinem Vorgehen orientieren. Ich neige dazu, einfach loszulegen – auch wenn ich gerade als Arzt weiß, dass manchmal ein besonneneres Vorgehen vernünftiger wäre.

Später lese ich ein Interview mit einem Schlafmediziner, der sagt, ein Schlafmittelentzug könne härter sein als ein Heroinentzug. Den Vergleich habe ich zum Glück nicht, aber die zwei Wochen waren wirklich die Hölle. Der Schlafmediziner erklärt auch, dass Medikamente bei Schlafstörungen aus gutem Grund die Mittel der letzten Wahl sind, denn verschreibungspflichtige Arzneien wie Benzodiazepine und Z-Substanzen (mehrere Wirkstoffe, deren Namen mit »Z« beginnen) haben allesamt ein hohes Suchtpotenzial. Der Körper will nach einer Weile höhere Dosen, um weiter in den Schlaf zu kommen. Seit Jahren wird geschätzt, dass mehr als eine Million Menschen in Deutschland von diesen Medikamenten abhängig sind, weil sie offenbar zu leichtfertig verschrieben werden. Alkohol beschleunigt diese Abhängigkeit übrigens noch.

Wer langfristig Z-Drugs nimmt, läuft unter anderem Gefahr, antriebslos zu werden, an einer Depression zu erkranken oder eine Demenz zu entwickeln. Ich verspreche mir, diese Mittel nie wieder anzurühren.

Nachdem ich die zwei schlimmen Entzugswochen durchgestanden habe und vom Schlafmittel losgekommen bin, stelle ich das abendliche Biertrinken ein. Das fällt mir erstaunlicherweise unfassbar leicht. Ich verspüre zu Beginn etwas Unruhe, aber das ist nichts im Vergleich zu dem Entzug, den ich gerade hinter mir habe. Ich merke, ich war abhängig von der Z-Substanz, aber nicht vom Alkohol. Mir fehlt nichts, wenn ich kein Bier trinke. Weil ich so gut wie nie etwas anderes als Bier getrunken habe, streiche ich den Alkohol nun nahezu komplett aus meinem Leben.

Trotzdem liege ich in den folgenden Nächten oft wach, weil ich nicht einschlafen kann oder um drei Uhr hochschrecke. Ich akzeptiere, dass ich einen langen Weg vor mir habe.

## Schlafstörungen sind eine Volkskrankheit

Alltagsstress und andere Probleme bringen viele Menschen um den Schlaf. In einer großen Umfrage unter Erwerbstätigen in Deutschland gaben knapp 10 Prozent an, unter Schlafstörungen und daraus folgender Müdigkeit und Erschöpfung am Tage zu leiden. Über gelegentliche Schlafprobleme klagten sogar 80 Prozent. Schlafstörungen sind eine Volkskrankheit.

Besonders gebeutelt sind die, die in Schichtarbeit mal früh, mal spät antreten müssen und deshalb keinen regelmäßigen Rhythmus von Wach- und Schlafphasen einhalten können.

Als junger Arzt habe ich viele Dienste in der Notaufnahme in Hamburg St. Georg übernommen. Die Klinik liegt mitten in der Stadt, unweit vom Hauptbahnhof. Bis nachts um ein oder zwei Uhr war immer etwas zu tun. Die Arbeit erforderte meine volle Konzentration. Und selbst wenn in den Stunden darauf kein Notfall passierte, war ich durch das Adrenalin, das mein Körper ausschüttete, zu wach, um schlafen zu können. Schließlich konnte jeden Moment das Telefon klingeln, weil ein neuer Patient eingeliefert wurde, für den es um Leben oder Tod ging.

Damals ging nach so einer Nachtschicht die Arbeit morgens oft nahtlos weiter. Ich weiß noch, wie stolz wir jungen Ärztinnen und Ärzte waren, dass wir das durchhielten. Schlaf war etwas für Weicheier!

Heute werden Dienst- und Ruhezeiten in der Medizin anders geregelt – zum Wohle aller. Denn von einem völlig übermüdeten Notarzt, der kaum noch klar denken kann, will doch niemand behandelt werden. Für mich endeten die Nachtschichten, als ich meine Ausbildung abgeschlossen hatte, doch andere arbeiten ihr gesamtes Berufsleben in Schichtdiensten – und zahlen damit einen hohen Preis. Sie nehmen nicht nur in Kauf, dass ihr Sozialleben leidet, weil sie zu Zeiten im Einsatz sind, in denen andere entspannen, ausgehen oder schlafen, sondern wechselnde Arbeitszeiten mit Nachtarbeit können erwiesenermaßen der Gesundheit schaden. Wer im Schichtdienst arbeitet, hat unter anderem ein erhöhtes Risiko für Schlafstörungen, für Herz-Kreislauf-Erkrankungen und für Übergewicht.

Wie stark der Schlaf den Stoffwechsel beeinflusst, zeigt zum Beispiel eine Studie mit jungen Männern, die eine Nacht lang nur vier Stunden schlafen durften: Ihre Reaktion auf das Hormon Insulin war am Tag darauf verringert. Wenn Körperzellen dauerhaft schlecht auf Insulin ansprechen, erkrankt man an Diabetes. Eine Reihe weiterer Studien spricht auch dafür, dass Schlafmangel und Insulinresistenz zusammenhängen.

Es gibt weitere hormonelle Veränderungen, die vermutlich dazu beitragen, dass Schlafmangel das Risiko für Übergewicht erhöht. So senkt Schlafentzug etwa den Spiegel des Hormons Leptin. Dieser Botenstoff erfüllt viele wichtige Aufgaben. Eine davon ist, dem Gehirn mitzuteilen, dass der Körper genügend Energiereserven hat, dass man also satt ist. Ein niedriger Leptinspiegel ist dementsprechend mit Hunger verbunden. Gleichzeitig erhöht sich durch Schlafmangel die Menge von Ghrelin im Blut und Ghrelin wiederum steigert den Appetit. Guter Schlaf trägt also dazu bei, ein gesundes Gewicht zu halten. Auch das bestätigt: Schlaf ist einer der Schlüssel zur Gesundheit im Alter.

## Was schlecht schlafende Mütter übers Altern verraten

Kompliziert wird es dadurch, dass Schlafqualität und Alter sich gegenseitig beeinflussen. Denn mit zunehmenden Jahren steigt das Risiko von Schlafstörungen: Viele ältere Menschen schlafen schlechter ein, werden nachts häufiger wach und kommen seltener in die besonders wichtigen Phasen des Tiefschlafs und in den REM-Schlaf.

Kurzer, nicht erholsamer Schlaf steht mit mehreren Krankheiten in Verbindung, die ebenso vom Alter beeinflusst werden, darunter Herz-Kreislauf-Erkrankungen – von Bluthochdruck bis zur koronaren Herzkrankheit – und der eben schon erwähnte Diabetes.

Vor wenigen Jahren untersuchten Forschende in einer kleinen Studie eine Gruppe, die aus gutem Grund oft schlecht schläft: Mütter mit kleinen Kindern. Frauen, die in den ersten Monaten nach der Geburt im Schnitt weniger als sieben Stunden schliefen, hatten ein höheres biologisches Alter als Mütter, die mehr als sieben Stunden zur Ruhe kamen. Der Schlafmangel könnte einen lang anhaltenden Effekt auf die Gesundheit haben, vermuten die Wissenschaftler.

In der Longevity-Forschung wird inzwischen angenommen, dass Schlaf das Altern auf mehreren Wegen beeinflusst, obwohl die genauen Mechanismen noch nicht gut erforscht sind. Man kann aber davon ausgehen, dass Schlafmangel auf mehrere der bereits erwähnten zwölf Kennzeichen des Alterns einwirkt.

Das wären etwa Erbgutschäden, also Fehler im Erbgutmolekül DNA. Diese sammeln sich ständig an und der Körper muss sie permanent reparieren. Studienergebnisse deuten an, dass Schlafmangel etwa aufgrund einer Nachtschicht die wichtige Reparaturfähigkeit schwächt. Schon in mehreren Studien wurde untersucht, wie sich Nachtschichten von Klinikpersonal auf DNA-Schäden und DNA-Reparatur auswirken. Ein Team aus Hongkong wies nach, dass eine Nachtschicht schon bei jungen Menschen mit mehr Schäden und weniger Reparaturkapazitäten verbunden ist.

Eine Studie aus Seattle wirft die Frage auf, ob das womöglich damit zusammenhängt, dass der Körper, wenn man den Schlaf dann tagsüber nachholt, weniger Melatonin produziert. (Zu diesem für guten Schlaf wichtigen Stoff kommen wir noch.)

Ein weiteres Kennzeichen des Alterns ist die *Zellalterung*, die auch eine Folge der eben genannten Erbgutschäden darstellt. Gealterte Zellen können bestimmte Aufgaben oft nicht mehr ausfüllen und sich nicht mehr teilen. Zu lange Wachphasen stressen nicht nur das Gemüt, sondern auch die Zellen und fördern wohl leider auf dieser Ebene direkt die Alterung.

Dann wäre da noch die *mitochondriale Dysfunktion*. Wenn der Körper Energie benötigt, sind Mitochondrien im Einsatz – also immer. Es sind sogenannte Zellorganellen, von denen sich mehr als tausend in einer einzigen Zelle befinden können. Man kann sie sich als kleine Kraftwerke vorstellen. Vermutlich stammen sie von Mikroorganismen ab, die sich mit der Zeit zu Zellorganellen entwickelten. Mitochondrien haben sogar ihr eigenes Erbgut.

Mit zunehmendem Alter werden diese Kraftwerke fehleranfälliger, doch in Tierversuchen konnte man zudem beobachten, dass Schlafmangel die Arbeit der Mitochondrien beeinträchtigt. In einer Untersuchung aus Korea, an der 260 im Schnitt knapp 54 Jahre alte Menschen teilnahmen, zeigte sich, dass die, die schlecht schliefen, weniger Mitochondrien-DNA in den untersuchten Immunzellen hatten – und die Menge der Mitochondrien-DNA wiederum ist ein Maß für die Arbeitsfähigkeit der kleinen Kraftwerke.

Das Zusammenspiel von Schlaf, DNA-Schäden und der Arbeit der Mitochondrien wird wohl auch von einer besonderen Gruppe von Molekülen beeinflusst, den sogenannten reaktiven Sauerstoffspezies, kurz: ROS (*reactive oxygen species*). Diese Moleküle entstehen im Körper in den Mitochondrien, aber auch bei diversen anderen Prozessen. Sie können eine besondere Form von Stress verursachen, den sogenannten oxidativen Stress, der Schaden in Zellen anrichtet. (Wer schon von »freien Radikalen« gehört hat, die oxidativen Stress verursachen: Viele, aber nicht all ROS sind solche freien Radikale.)

Weil ROS erst einmal sehr abstrakt klingt, hier ein Beispiel: Zu dieser Gruppe zählt Wasserstoffperoxid, was man außerhalb seiner biologischen Funktion zum Beispiel als Blondierungsmittel für Haare oder als Zusatz von Desinfektionsmitteln kennt. Wasserstoffperoxid ist wie alle ROS sehr reaktionsfreudig, das heißt, es geht sehr schnell eine chemische Reaktion mit anderen Stoffen ein.

Wir haben im Körper andere Moleküle, die das destruktive Potenzial von ROS ausschalten können – die sogenannten Antioxidantien. Zu diesen zählt zum Beispiel Vitamin C, es bewahrt als Antioxidans Zellen vor oxidativem Stress. Unsere Zellen können also normalerweise gut mit ROS umgehen. Sie brauchen diese sogar in einem gesunden Maß, denn sie dienen als wichtige Botenstoffe, etwa bei der Wundheilung. Doch nimmt der oxidative Stress überhand, wird er ungesund. ROS sind an der Entstehung verschiedener Krankheiten beteiligt, die vor allem im Alter auftreten – von der Arterienverkalkung über Krebs bis zu Diabetes.

Man geht davon aus, dass guter Schlaf dabei hilft, den oxidativen Stress im Zaum zu halten. Experimente mit Fruchtfliegen und Mäusen zeigten, dass sich bei den Tieren durch Schlafentzug ROS im Verdauungstrakt ansammelten. Fruchtfliegen, die man nicht ordentlich schlafen ließ, starben früher. In der Studie wurden den Tieren Antioxidantien verabreicht, um die ROS im Verdauungstrakt zu eliminieren – daraufhin lebten sie normal lang trotz Schlafmangel.

Leider lässt sich dieses Studienergebnis nicht auf den Menschen übertragen, sprich, die Einnahme größerer Mengen von Antioxidantien lässt uns nicht länger leben.

Ich vermute zudem, dass die meisten Menschen lieber gut schlafen würden, als eine der negativen Konsequenzen des Schlafmangels mit Tabletten zu bekämpfen. Denn ausgeschlafen fühlt man sich trotz Antioxidantien sicher trotzdem nicht. Es gibt einfach viele gute Gründe, sich um den Schlaf zu kümmern.

### Wo kein Wort für Schlafstörungen existiert

Interessant ist in diesem Zusammenhang ein Blick auf Menschen, die nicht durch Großstadtlärm, den Licht von Straßenlaternen oder Smartphones künstlich wachgehalten werden. Vor einigen Jahren reisten Forscher zu drei ursprünglich lebenden Volksgruppen, den Hadzda in Tansania, den San in Namibia und den Tsimane in Brasilien, um ihre Schlafgewohnheiten zu studieren. Alle drei zeigten ähnliche Muster der Nachtruhe und schliefen im Schnitt knapp sechs bis etwas über sieben Stunden pro Nacht – also gar keine acht oder neun Stunden, die bei uns oft als notwendig angepriesen werden. Im Winter schliefen sie nachts rund eine Stunde länger als im Sommer. Dafür hielten die Menschen dort im Sommer häufiger mal ein Nickerchen tagsüber.

In ihrer Arbeit beschreiben die Forscher, dass weder die Tsimane noch die San ein Wort für Schlafstörungen haben. Nach einer Erklärung, was damit gemeint ist, sagten weniger als drei Prozent, dass sie solche Probleme öfter als einmal im Jahr hätten.

Was außerdem auffiel: Der nächtliche Schlaf fand im Prinzip ausschließlich statt, während es dunkel war – anders als bei uns, wo Menschen oft über den Sonnenaufgang hinaus schlafen und sich erst weit nach Sonnenuntergang schlafen legen.

Sehr wahrscheinlich trägt der moderne Lebensstil entscheidend dazu bei, dass Schlafstörungen so verbreitet sind. Ist die Grenze zur Insomnie überschritten, kann ich nach meiner Erfahrung nur dringend dazu raten, sich medizinischen Rat zu holen. Eine gute erste Anlaufstelle sind Hausärztin oder Hausarzt. Möglicherweise ist ein Besuch im Schlaflabor sinnvoll, um zu klären, ob organische Beschwerden vorliegen. Denn eine Schlafapnoe kann dazu führen, dass man den Schlaf als wenig erholsam erlebt, tagsüber oft müde ist oder schon mit Kopfschmerzen aufwacht.

## Gefährliche Atemaussetzer in der Nacht

Die Schlafapnoe ist eine gefährliche Krankheit. Betroffene haben nachts Atemstillstände, ohne es zu bemerken. Am häufigsten kommt die sogenannte obstruktive Schlafapnoe vor, bei der die Atemwege im Schlaf so in sich zusammenfallen, dass die Luft nicht mehr frei strömt. Damit man nicht im Schlaf erstickt, steuert das Gehirn nach kurzer Zeit gegen. Es sorgt dafür, dass die Muskeln sich anspannen und das Herz schneller schlägt; eventuell wird man kurz wach, ohne sich später daran zu erinnern. Es kommt jedoch auch vor, dass Betroffene nachts mit Herzrasen und Luftnot hochschrecken. In schweren Fällen passiert es mehr als dreißigmal pro Stunde, dass die Atmung deutlich gestört ist oder aussetzt.

Das Risiko für eine Schlafapnoe steigt mit dem Alter an. Wer übergewichtig ist, entwickelt eher eine Schlafapnoe. Bleibt die Krankheit unbehandelt, erhöht sich das Risiko für Herz-Kreislauf-Leiden wie Infarkt und Schlaganfall. Deshalb ist es wichtig, bei einem Verdacht auf Schlafapnoe ärztlichen Rat einzuholen und gegebenenfalls eine Nacht im Schlaflabor zu verbringen.

Männer sind deutlich häufiger von einer Schlafapnoe betroffen als Frauen. Allerdings geht man auch davon aus, dass die Schlafstörung bei Frauen häufiger übersehen wird, etwa weil sie im Gegensatz zu Männern öfter von Ein- und Durchschlafstörungen berichten, die als untypisch für die Apnoe gelten. Viele Betroffene schnarchen sehr laut, wobei nicht jeder Schnarcher eine Apnoe hat.

Als Teil einer großen Bevölkerungsstudie in Vorpommern

wurden vor einigen Jahren gut 1200 Menschen im Schlaflabor untersucht. Bei rund 6 Prozent der im Schnitt 54 Jahren alten Probanden lag eine obstruktive Schlafapnoe vor, durch die die Betroffenen tagsüber unter Müdigkeit litten. Häufige Atembeeinträchtigungen oder Aussetzer in der Nacht zeigten sich sogar bei deutlich mehr der Untersuchten.

Ist eine Schlafapnoe erst einmal erkannt, kann sie meist gut behandelt werden. Spezielle Atemmasken, die einen leichten Überdruck erzeugen, sind eine oft gewählte Option. Manchmal hilft eine Schiene, die nachts den Kiefer in Form hält. Auch Operationen sind möglich.

Drei Maßnahmen, die die Gesundheit insgesamt fördern, können zudem in manchen Fällen die Schlafapnoe vertreiben: Übergewicht reduzieren, auf Alkohol verzichten, mit dem Rauchen aufhören. Studien zeigen zudem: Wer sich regelmäßig bewegt, hat ein geringes Risiko für die krankhaften nächtlichen Atemaussetzer.

## Besser schlafen dank Verhaltenstherapie

Wer zwar keine Schlafapnoe hat, aber nachts aufgrund einer Insomnie nicht zur Ruhe kommt, greift bisweilen in Eigenregie zu Tabletten. Die »harten« Schlafmittel, wie ich sie genommen habe, gibt es nur auf Rezept. Das passiert wie gesagt offenbar zu oft und zu leichtfertig. Es gibt aber auch rezeptfreie Mittel wie Baldrian, Hopfen, Passionsblume, Lavendel und so weiter. Sie machen zwar nicht süchtig, doch ob sie helfen, ist dürftig bis gar nicht belegt.

Ich würde also nicht unbedingt dazu raten, lange Zeit damit zu verbringen, all diese Mittel durchzuprobieren, und sich währenddessen Nacht für Nacht weiter zu quälen. Medizinisch abzuklären, woher die Schlafstörung kommt und wie ihr zu begegnen ist, ist da sicher wirkungsvoller.

Bei einer Schlafstörung ist heute die erste Empfehlung, eine kognitive Verhaltenstherapie zu absolvieren. In dieser lernt man, was den Schlaf fördert und was ihn hemmt. Schlechte Routinen, die die Nachtruhe stören, werden identifiziert und durch andere ersetzt. Wer möchte, kann eine solche Therapie sogar online durchführen. Ich selbst versuche, neue Routinen ohne den Rahmen einer Verhaltenstherapie zu entwickeln, aber das soll niemanden davon abhalten, es gleich mit professioneller Hilfe anzugehen.

**Meine neuen Routinen**

Mein Messring liefert mir klare Daten zu meinem Schlafverhalten. So kann ich sehen, wie Alkohol und schweres Essen am Abend meinen Schlaf deutlich verschlechtern. Mein Puls bleibt dann lange hoch, während er im optimalen Fall im Schlaf rasch sinkt. Die Herzfrequenzvariabilität ist niedriger. Dass der Schlaf unter diesen Vorzeichen eine schlechtere Qualität hat, kann ich morgens deutlich fühlen, und die Messungen bestätigen meinen subjektiven Eindruck.

Ich versuche also, mich zum Abend hin »runterzufahren«. Drei bis vier Stunden vor dem Schlafengehen esse ich nichts mehr. Ich dimme das Licht und bereite mich mental auf den Schlaf vor.

Einen wichtigen Rat aus der Verhaltenstherapie beherzige ich von nun an konsequent: mich nur ins Bett zu legen, wenn ich müde bin. So banal es klingt, es funktioniert. Früher ging ich oft noch völlig aufgedreht zu Bett, habe dort noch ferngesehen, auf dem Handy gedaddelt oder stundenlang gelesen. Durch solche Routinen verbindet man in der Folge vieles mit dem Bett, aber nicht unbedingt Schlaf. Kommen Schlafprobleme hinzu, die einen stundenlang wach liegen lassen, wird das Bett zu dem Ort, an dem man gefühlt eh nicht einschlafen kann. Irgendwann graut es einem regelrecht vor dem Bett, ein Gefühl, das ich leider nur zu gut kenne. Ein Teufelskreis!

Geht man dagegen erst ins Bett, wenn man wirklich müde ist,

und schläft entweder schnell ein oder steht wieder auf, falls das misslingt, verknüpft der Verstand das Bett mit Schlaf. Solche Gewohnheiten helfen beim Einschlafen – das funktioniert tatsächlich.

Wichtig ist zudem, das Bett wirklich nur zum Schlafen zu nutzen. Das bestätigt eine aktuelle Studie aus Norwegen, in der junge Erwachsene darüber Auskunft gaben, ob sie im Bett noch Zeit damit verbrachten, auf ihr Handy oder einen anderen Bildschirm zu schauen. Egal, ob sie sich in sozialen Netzwerken aufhielten, Filme guckten, etwas spielten oder lasen: Wer im Bett einen Bildschirm nutzte, war deutlich häufiger von Schlaflosigkeit geplagt. Zu ähnlichen Ergebnissen kamen schon zuvor Studien in verschiedenen Ländern.

Eine Ausnahme von dieser Regel machen allerdings auch die strengsten Schlaftherapeuten: Sich für Sex unter der Decke zu treffen, ist zu jeder Zeit in Ordnung.

## Langsam runterfahren

Mit kritischem Blick überprüfe ich mein Schlafzimmer, ob alles auf guten Schlaf ausgerichtet ist. Einiges ändere ich. Die Heizung im Schlafzimmer stelle ich runter, damit es angenehm kühl ist, zudem halte ich es jetzt möglichst dunkel. Ich lege mir Ohrstöpsel auf den Nachttisch, um mich künftig nachts optimal vor störenden Geräuschen zu schützen. Auch eine Augenmaske, die ich sonst nur auf Langstreckenflügen genutzt habe, setze ich im Bett auf.

In den Abendstunden schaue ich möglichst selten auf mein Smartphone und wenn, dann setze ich eine Brille mit Blaulichtfilter auf. Dass sie gegen Schlafstörungen hilft, ist zwar umstritten, doch mich beruhigt allein schon die andere, wärmere Farbgebung, die meine Umgebung durch die Brille gewinnt – und das trägt sicher dazu bei, dass ich besser in den Schlaf finde.

Übrigens spielen nicht alle meine Hunde bei meiner ruhigen

Abendgestaltung mit. Besonders Alma und gelegentlich Amy kommen gern vorbei, wenn ich entspannt auf dem Sofa sitze und etwas lese. Sie stupsen mich an oder stellen sich mit den Vorderbeinen auf meine Oberschenkel, damit ich mit ihnen spiele. Das mache ich allerdings am liebsten am Nachmittag, wenn ich nach Hause komme.

Eine Freiheit, die nicht alle Menschen haben, nehme ich mir ab jetzt: Ich lege mir bei der Arbeit, wann immer es geht, die ersten Termine auf 12 Uhr. Wenn der Druck wegfällt, früh aufstehen zu müssen, bin ich abends wesentlich entspannter und kann in der Folge auch leichter einschlafen. Außerdem kann ich die Zeit morgens so intensiver für mich nutzen. Wenn ich aufstehe, gehe ich jetzt als Erstes für zehn Minuten raus in den Garten. Ich genieße die Natur – und die Sonnenstrahlen. Der Körper hat einen zirkadianen Rhythmus, der Wach- und Schlafphasen steuert. Das Sonnenlicht ist sein wichtigster Taktgeber. Es signalisiert, dass nun die Aktivität beginnt. Wie diese neue, kleine Routine meine Kräfte weckt, merke ich sehr schnell: Ich werde viel besser wach als früher, als ich die Zeit vor allem in Innenräumen verbrachte.

Bei schlechtem Wetter oder wenn ich aufwache, bevor es hell ist, schalte ich eine Tageslichtlampe an, die meine innere Uhr in Gang setzt. Zusätzlich mache ich an den meisten Tagen morgens wenigstens ein bisschen Sport, um gleich wach zu werden.

Trotz all dieser Veränderungen schlafe ich nicht von heute auf morgen besser. Es vergehen ein, zwei Monate, bis ich an den Punkt komme, an dem ich weniger als drei Nächte pro Woche sehr schlecht schlafe und für mich sagen kann: Eine Insomnie habe ich nicht mehr.

Allerdings gelingt es mir auch nicht, jeden Abend gut in den Schlaf zu kommen. Wahrscheinlich braucht es mehr Zeit, bis ich alle neuen Routinen verinnerlicht habe, und vor allem, bis ich endlich keine Angst mehr davor habe, die halbe Nacht wach zu liegen. Ein paar Jahre Insomnie muss man erst einmal wieder abschütteln.

Übrigens: Wer abends Probleme beim Einschlafen und nachts beim Durchschlafen hat, sollte auf den Mittagsschlaf verzichten, auch wenn das erst einmal schwerfällt. Die Ruhe am Tag kann nämlich das spätere Einschlafen erschweren, weil man noch nicht wieder hinreichend müde ist.

### Kein Kaffee am Abend

Ein weiterer Tipp: Spätestens mittags den letzten Kaffee des Tages trinken. Denn es dauert rund vier Stunden, bis der Körper die Hälfte des wachhaltenden Koffeins abgebaut hat. Bei mir ist ab frühem Nachmittag Schluss mit Kaffee.

In ganz aussichtslosen Nächten nehme ich Magnesium. Die wissenschaftlichen Belege dafür, dass es beim Einschlafen hilft, sind zwar nicht ganz überzeugend, aber es gibt zumindest eine gute Erklärung, wie es wirken könnte, und mit diesem Wissen habe ich das Gefühl, es fördere meinen Schlaf. Man sollte es nur nicht überdosieren, dann kann es Durchfall auslösen!

### Der Stoff, aus dem die Träume sind

Dass Magnesium beim Einschlafen helfen könnte, hängt mit dem Hormon Melatonin zusammen. Man könnte sagen, Melatonin ist der Stoff, aus dem die Träume sind, denn es fördert den Schlaf. Melatonin wird in erster Linie in der Zirbeldrüse im Gehirn hergestellt. Die Produktion ist abhängig vom Licht. Ist es hell, wird sie gehemmt, ist es dunkel, stellt der Körper dieses Hormon her. Das ist wahrscheinlich ein Grund dafür, warum spätes Handyscrollen wachhalten kann: Dem Gehirn wird durch das Licht signalisiert, dass noch keine Schlafenszeit ist, sodass der Körper zu wenig von diesem Schlafhormon produziert.

Mit einem niedrigen Melatoninspiegel lässt es sich schlecht einschlafen. Im Alter, das ist die schlechte Nachricht, produzieren wir alle weniger Melatonin. Das ist wahrscheinlich einer der Gründe, warum Schlafstörungen im Alter zunehmen.

Um Melatonin herzustellen, braucht der Körper den Eiweißbestandteil Tryptophan. Manchmal wird daher empfohlen, abends tryptophanreiche Lebensmittel zu konsumieren, denn diese Substanz muss der Körper mit der Nahrung aufnehmen, er kann sie nicht selbst herstellen. Für die Bildung von Melatonin ist unter anderem Magnesium hilfreich – deshalb der Tipp mit den Magnesiumtabletten.

Einen Mangel an diesen beiden Stoffen haben sicher die allerwenigsten, darum muss man sich keine Sorgen machen. Wer ausreichend Protein zu sich nimmt, isst genug Tryptophan. Wer sich trotzdem abends etwas Gutes tun und vielleicht seinen Schlaf fördern will, kann aber Getränke oder Lebensmittel wählen, die reich an Tryptophan oder Magnesium sind.

Grundsätzlich liefern Fleisch und Fisch relativ viel Tryptophan, doch die eignen sich nicht wirklich als Snack vor der Bettruhe. Vermutlich deshalb wurde heiße Milch mit Honig zu einem Hausmittel zum leichteren Einschlafen. Denn Milch ist eine gute Tryptophanquelle und enthält darüber hinaus Melatonin. Wer keine Milch trinkt, kann auf Sojamilch ausweichen, sie enthält ebenfalls Tryptophan.

In kleineren Studien wurde zudem untersucht, ob Kirschsaft den Schlaf verbessern kann. Es zeigten sich tatsächlich positive Effekte. Da ich abends aber so weit wie möglich auf Kohlenhydrate verzichte, trinke ich vor dem Schlafengehen keinen süßen Fruchtsaft und würde bei der heißen Milch den Löffel Honig weglassen. Ernsthafte Schlafprobleme lösen sich ohnehin nicht durch ein Getränk am Abend auf, da bin ich mir sicher.

Schlafmediziner empfehlen, sich ein Einschlafritual zu schaffen, insofern mag es manchen Menschen helfen, die Abendruhe mit einem kleinen Glas Kirschsaft, Milch oder einem Kräutertee einzuläuten. Größere Mengen sollte man kurz vor dem Schlafengehen nicht trinken, sonst weckt einen nachts die Blase.

Während sich mein Schlaf von Woche zu Woche verbessert, merke ich deutlich, wie das alle drei großen Bereiche meines Lebens – Gesundheit, persönliche Entwicklung, Beziehungen – positiv beeinflusst. Mein Körpergefühl ist viel besser, wenn ich morgens ausgeruht aufwache. Durch das Mehr an Energie kann ich mein Sportprogramm beginnen und bin mit einem wachen Blick effektiver und kreativer bei meiner Arbeit. Und während ich aufgrund des Schlafmangels zuvor bisweilen etwas dünnhäutig und missmutig war oder Verabredungen wenig genießen konnte, habe ich nun wieder größere Kapazitäten, meine Beziehungen zu pflegen.

### Meine fünf Empfehlungen für besseren Schlaf

1. Von hundert auf null klappt nicht: Versuche, zwei, drei Stunden vor dem Schlafengehen nichts Aufregendes mehr zu machen, sondern fahre bewusst runter.
2. Gehe erst ins Bett, wenn du wirklich müde bist.
3. Das Bett ist nur zum Schlafen da!
4. Sorge dafür, dass das Schlafzimmer dunkel und nicht zu warm ist, und das Bett bequem.
5. Iss abends nicht schwer und trinke möglichst keinen Alkohol.

## VERMESSEN: MEINE WERTE, DIE GROSSEN ALTERSKRANKHEITEN UND DIE FALLSTRICKE DER LONGEVITY-INDUSTRIE

Der Test, den ich verwendet habe, um mein biologisches Alter zu bestimmen, ist nicht der einzige auf dem Markt. Es gibt viele verschiedene. Wer einen oder mehrere dieser Tests für sich in Betracht zieht, sollte zunächst die seriösen von den weniger seriösen unterscheiden. Ich hatte wie gesagt das Glück, dass mir die Longevity-Expertin Dr. Nichola Conlon, deren Einschätzung ich vertraue, ein Produkt empfohlen hat.

Als ich mich nun genauer damit auseinandersetze, auf welch unterschiedlichen Wegen das biologische Alter gemessen werden kann, bestätigt sich für mich Nicholas Empfehlung. Denn das Unternehmen, dessen Test sie mir gegeben hat, kann wissenschaftliche Publikationen in bekannten Fachblättern vorweisen. Das sagt etwas über die Qualität aus, weil solche Arbeiten von anderen Forschenden geprüft werden, ehe sie veröffentlicht werden. Ein Zeichen, das wissenschaftlich korrekt gearbeitet wird.

Kommerzielle Alterstests beruhen auf unterschiedlichen Ansätzen. Der Test, der mir ein Alter von 74 Jahren attestierte, misst, wie schon gesagt, bestimmte Veränderungen an Antikörpern. Er will damit eine Aussage über die Stärke von chronischen Entzündungen im Körper treffen, also verraten, wie sehr das Inflammaging fortgeschritten ist, die altersbedingte Tendenz zu solchen Entzündungen.

Verbreiteter ist eine andere Art von Tests, nämlich die, die auf den bereits erwähnten deutsch-amerikanischen Forscher Steve Horvath zurückgehen und die sogenannten epigenetischen Marker messen. Das sind spezielle Veränderungen am Erbgut, der DNA, die mit beeinflussen, wie aktiv Gene sind. Diese verändern sich im Laufe des Lebens, und zwar zum Teil in sehr typischer Art und Weise. Das Muster der epigenetischen Veränderungen kann deshalb genutzt werden, um das biologische Alter zu bestimmen. Nach dem Entdecker dieses Musters spricht man auch von der Horvath-Uhr.

Ein kommerzieller Test, der auf epigenetischen Markern beruht, zeigte beispielsweise in Studien, dass er eine gute Vorhersagekraft darüber besitzt, in welchem Zeitraum Menschen eine koronare Herzerkrankung oder Krebs entwickeln oder wann sie sterben. Es ist allerdings eine Sache, dass dies für eine große Gruppe gut funktioniert und eine andere, ob die einzelne Person ein für sie aussagekräftiges Ergebnis erhält. Im Einzelfall kann selbst der beste Test persönliche Risiken über- oder unterschätzen.

In einem Podcast betont Horvath, eine Schätzung des epigenetischen Alters sei nicht dasselbe wie eine Schätzung des biologischen Alters. Der Wissenschaftler erklärte, er vermeide den Begriff »biologisches Alter«, weil niemand eine gute Definition habe, was es genau bedeuten soll.

Wenn man es genau nimmt, habe ich wohl mein Inflammaging-Alter bestimmt. Hätte ich einen Test gewählt, der auf Horvaths Uhr beruht, wäre es mein epigenetisches Alter gewesen.

## Wenn einzelne Organe frühzeitig altern

Das Ganze kann sogar noch komplizierter werden, denn offenbar altern unsere Organe und Gewebe nicht alle im gleichen Tempo. In einer großen, 2023 veröffentlichten Studie konnten Forschende zeigen, dass bei etwa einem Fünftel der Teilnehmenden ein Organ stärker gealtert war als der Rest des Körpers. Und das hat Konsequenzen: Ein früh vergreistes Organ erhöht das Risiko für Krankheiten, die mit diesem verbunden sind, so die Studie weiter. Betrifft es beispielsweise das Herz, steigt die Gefahr einer Herzschwäche.

Erst kürzlich schaute sich eine andere Forschergruppe an, wie die Organe einer besonders gut erforschten Gruppe von Menschen alterten und wie sich das auf ihre Zukunft auswirkte. Es geht um die Probandinnen und Probanden einer bekannten britischen Langzeitstudie, der »Whitehall II«. Ab dem Jahr 1985 nahmen rund 10 300 Menschen daran teil, die in London im öffentlichen Dienst arbeiteten und zu Beginn der Untersuchung zwischen 35 und 55 Jahre alt waren.

Für die jetzt erst aufgekommenen Fragen zu Organalterung und damit verbundenen Krankheiten konnten die Wissenschaftler auf Blutproben zurückgreifen, die die Teilnehmenden bereits in den 1980er-Jahren gespendet hatten und die seitdem tiefgefroren auf ihren Einsatz warteten. So konnten die Forscher jetzt nachvollziehen, bei welchen Menschen welche Organe damals frühzeitig gealtert waren – und ob die davon Betroffenen später eher eine oder mehrere von 45 Krankheiten entwickelten.

Die Studie förderte mehrere spannende Ergebnisse zutage: Lediglich für sechs Krankheiten zeigte sich ein exakter Zusammenhang zwischen einem vorzeitig gealterten Organ und einer Krankheit, die genau dieses Organ betrifft, etwa bei Leberversagen und chronischer Herzschwäche. In zwölf Fällen zeigte sich kein Zusammenhang zwischen der Alterung eines Organs und einer Krankheit, die dieses betrifft, stattdessen aber erhöhte ein schlechter Zustand eines *anderen* Organs das Risiko.

Ein Beispiel dafür ist Parkinson. Bei dieser Krankheit sterben bestimmte Gehirnzellen ab, was unter anderem zu Bewegungsstörungen führt. Parkinson entwickelten in der Studie vermehrt Menschen, deren Verdauungssystem früh gealtert war. Dass eine Störung der Darmbarriere und die daraus resultierenden Probleme des Immunsystems das Entstehen von Parkinson fördern können, zeigten übrigens schon andere Studien. Für mich ist das ein weiterer Ansporn, mich mit meiner Ernährung und dem Mikrobiom des Darms zu beschäftigen, denn eine gesunde Darmflora hält auch die Darmbarriere stark.

Das andere zunächst überraschende Ergebnis dieser britischen Langzeitstudie war, dass ein gealtertes Immunsystem das Demenzrisiko steigert. Auch dafür findet sich eine plausible Erklärung, denn häufige Infekte gelten als Risikofaktor für die Hirngesundheit. Arbeitet das Immunsystem nicht mehr so effizient, steigt die Gefahr, dass diese Infekte schwer verlaufen.

Diverse Viren sind in der Lage, das zentrale Nervensystem zu erreichen, dazu zählen beispielsweise Herpesviren, HIV, das Epstein-Barr-Virus und manche Grippeviren. Und die Viren müssen nicht mal das Gehirn selbst befallen, um es zu schädigen. Wenn man infolge eines Infekts richtig krank wird, toben Entzündungen im Körper, was das Immunsystem im Gehirn auf den Plan rufen kann. Erschwerend kommt hinzu, dass bestimmte Immunzellen im Gehirn, die sogenannten Mikroglia, ebenso wie die Körperabwehr insgesamt mit dem Alter stärker dazu neigen, Entzündungen zu fördern. Die Wissenschaft geht deshalb davon aus, dass Virusinfekte chronische Entzündungsprozesse im Gehirn auslösen können, die unserem Denkorgan nach und nach Schäden zufügen und so die Alterung des Gehirns beschleunigen. Auch bakterielle oder Pilzinfektionen können wohl solche Effekte haben.

## Wie Impfungen vor Demenz schützen können

Die Studienergebnisse, die wir den »Whitehall II«-Probanden zu verdanken haben, sprechen für die These, dass Infektionen die Entstehung von Alzheimer, Parkinson und anderen sogenannten neurodegenerativen Krankheiten befördern können. Dazu passt eine Untersuchung aus Finnland, die zeigt: Menschen, die aufgrund einer Infektion im Krankenhaus behandelt werden mussten, hatten ein erhöhtes Risiko, später an Demenz zu erkranken.

2022 erschien eine Übersichtsarbeit, die Ergebnisse mehrerer Studien zusammenfasst, in denen erforscht wurde, ob Impfungen im Erwachsenenalter das Demenzrisiko senken. Demnach hatten Menschen, die mehr der empfohlenen Impfungen, darunter die jährliche Grippeimpfung, erhalten hatten, ein geringeres Risiko für Demenz.

Ein besonderes Augenmerk legt die Wissenschaft auf die Impfung gegen Gürtelrose, die vor allem älteren Menschen empfohlen wird. Gürtelrose wird vom Varizella-Zoster-Virus ausgelöst, das bei der ersten Infektion, also meist im Kindesalter, Windpocken verursacht. Weil die Viren im Körper überdauern, können sie Jahrzehnte später wieder aktiv werden und zu der schmerzhaften Gürtelrose führen. Die Impfung soll vor dieser im Alter häufigen Krankheit bewahren.

Interessanterweise legen verschiedene Untersuchungen nahe, dass der Schutz vor Gürtelrose zusätzlich einen gewissen Schutz vor Alzheimer mit sich bringt oder das Ausbrechen von Alzheimer zumindest verzögert. Der Schutzeffekt ist bei Frauen ausgeprägter als bei Männern. Wie diese Impfung vor Alzheimer schützen oder die Krankheit verlangsamen könnte, darüber kann man aktuell nur spekulieren. Eine These ist, dass die Infektion mit dem Varizella-Zoster-Virus direkt an der Entstehung von Alzheimer beteiligt ist oder dieses beschleunigt. Hindert die Impfung die Viren an ihrem zerstörerischen Werk, schützt das also das Hirn. Möglich wäre auch, dass die Impfung eher indirekt, durch ihre Wirkung auf das Immunsystem, schützt.

## Das Immunsystem ist kein Muskel

Ich habe mir lange Zeit keine Gedanken um Infektionen gemacht. Im Gegenteil, ich war sogar der Meinung, dass sie mein Immunsystem bestimmt stärken. Heute weiß ich, dass ich meine Körperabwehr nicht mit Infekten trainieren muss. Gut auf den Punkt gebracht hat das der Generalsekretär der Deutschen Gesellschaft für Immunologie, Carsten Watzl. Er sagte während einer sommerlichen Infektwelle 2022, die manche auf vorangegangene Corona-Maßnahmen schieben wollten, der Deutschen Presse-Agentur: »Das Immunsystem ist kein Muskel. Es bildet sich nicht zurück, wenn es nicht oder weniger gebraucht wird.« Das ist gut zu wissen – ich trainiere lieber meine Muskeln als meine Immunzellen.

Vor einiger Zeit hatte ich mit einer heftigen Grippe zu kämpfen. Ich hatte mehrere Tage Fieber und es dauerte lange, bis ich mich vollkommen erholt fühlte. Ob das ein Anzeichen meines im Alter schwächelnden Immunsystems war? Ich weiß es nicht. Jedenfalls werde ich künftig versuchen, mich mehr zu schützen, gerade in der Infekthochzeit im Winter.

Trotzdem kann ich mir nicht vorstellen, künftig dauerhaft eine FFP2-Maske zu tragen oder sämtliche Veranstaltungen mit einem erhöhten Infektionsrisiko zu meiden. Wahrscheinlich werde ich aber im Winter in einer vollen Bahn doch mal zur Maske greifen oder mir stattdessen ein Taxi gönnen. Und dass Impfungen womöglich vor Demenz schützen oder diese verzögern, ist ein gutes zusätzliches Argument, um mir die empfohlenen Impfungen wirklich zu holen.

Natürlich gibt es noch diverse andere Risikofaktoren für Demenz, die im Alter leider häufig auftritt. In Deutschland leben schätzungsweise 1,8 Millionen Menschen damit, die meisten von ihnen sind mindestens 65 Jahre alt. Wenn ich mir mein Risikoprofil ansehe, bin ich froh, dass mein Herz-Kreislauf-System mir die meisten Sorgen bereiten muss. An einer Demenz zu erkranken und so meine Autonomie zu verlieren, erscheint mir ungleich schlimmer als eines Tages durch einen Herzinfarkt zu sterben.

Zum Glück trägt mein veränderter Lebensstil sowieso dazu bei, mein Demenzrisiko zu senken. 2023 rechneten Forscher vor, dass etwa jede dritte Demenzerkrankung in Deutschland mit einem oder mehreren von elf Risikofaktoren zusammenhängt. Ein großer Teil davon lässt sich beeinflussen: Bluthochdruck, Alkoholkonsum, Rauchen, Adipositas und körperliche Inaktivität. Auch ein vermindertes Hörvermögen erhöht das Demenzrisiko. Nimmt das eigene Hörvermögen ab oder hat man bei einem nahestehenden Menschen das Gefühl, dass eine Schwerhörigkeit entstanden ist, heißt es ab zum HNO-Arzt und zur Akustikerin. Denn dank Hörgeräten gibt es Hilfe.

Depression, Diabetes, geringe Bildung, soziale Isolation und Luftverschmutzung stehen ebenfalls im Zusammenhang mit einem höheren Demenzrisiko.

## Wie ich mit dem Rauchen aufhörte

Man geht davon aus, dass unsere Gene zu etwa einem Viertel bestimmen, wie alt wir werden können. Unser Lebensstil und Umweltfaktoren haben zusammengenommen einen deutlich größeren Einfluss als die Genetik. Einen besonders starken negativen Effekt hat das Rauchen. Das zeigt sich unter anderem sehr plakativ in Studien, in denen eineiige Zwillinge verglichen wurden, von denen einer rauchte und der andere nicht. Jahrzehntelanges Rauchen hinterließ deutliche Spuren im Gesicht: tiefere Falten, mehr Altersflecken, stärkere Erschlaffung der Haut. Das habe ich als Hautarzt oft genug gesehen. Aber frühzeitige Hautalterung ist bei Weitem nicht das Einzige, was das Rauchen anrichtet, und auch nicht das Schlimmste. Zigarettenkonsum erhöht das Risiko für Herz-Kreislauf-Erkrankungen, die chronische Lungenkrankheit COPD, für

Lungenkrebs und weitere Krebsarten, für die altersbedingte Makuladegeneration, die Menschen erblinden lässt, für Diabetes Typ 2 und noch einige Leiden mehr.

Wer sich um sein biologisches Alter sorgt und raucht, hat einen klaren ersten Schritt vor sich: von den Zigaretten wegkommen. Das mag hart klingen, aber genau so ist es. So wie ich vor allen anderen Schritten als Erstes den Schlaftablettenentzug schaffen musste, müssen Menschen, die rauchen, den Nikotinentzug bewältigen. Denn so gesund kann man sich gar nicht ernähren, dass man dadurch die negativen Effekte des Rauchens ausgleicht.

Ich habe selbst bis Mitte dreißig geraucht. Dass ich aufgehört habe, lag nicht an dem einen Moment, der mich zum Umdenken gebracht hätte, sondern es kam einiges zusammen. Als Arzt hatte ich keine Zeit für Raucherpausen. Das Rauchverbot in Restaurants und Kneipen nahm mir weitere Gelegenheiten. Und ich war es leid, auf Reisen am Flughafen hektisch die Raucherkabine suchen zu müssen. Ich erinnere mich an eine Konferenz im winterlichen New York mit Temperaturen bei minus zehn Grad, wo ich vor dem Hotel rauchen musste. Wenn man in einem stinkenden engen Raum oder in klirrender Kälte steht, nur um an der Zigarette zu ziehen, wird einem bewusst, dass man das nicht zum Vergnügen tut. Irgendwann reichte es mir, und von einem Tag auf dem anderen hörte ich auf. Seitdem habe ich nie wieder eine Zigarette angerührt und sie auch nicht vermisst. Ich weiß natürlich, dass vielen der Abschied vom Rauchen deutlich schwerer fällt als mir, daher der Hinweis: Auch hier kann eine kognitive Verhaltenstherapie helfen. Mit Nikotinpflastern und -kaugummis lassen sich Entzugserscheinungen abmildern, und auch verschreibungspflichtige Medikamente können im Einzelfall helfen.

Nach meinem Schlaftablettenentzug kann ich jedenfalls mit allen Rauchern und Raucherinnen mitfühlen, die sich vor den

Tagen und Wochen nach dem Rauchstopp fürchten. Trotzdem kann ich nur dazu raten, es zu versuchen. Wenn es im ersten Anlauf nicht klappt, dann im zweiten oder dritten!

### Todesursache Nummer 1: Herz-Kreislauf-Krankheiten

Mein Alterstest ist der Startschuss für eine ganze Reihe von Untersuchungen, die ich anstoße. Ich will jetzt genauer wissen, wie es um meine Gesundheit steht. Ein ausführliches Blutbild inklusive einer genauen Bestimmung meiner Hormonwerte zeigt, dass mein größtes Risiko das Herz-Kreislauf-System ist. Davon abgesehen sieht vieles beruhigend gut aus.

Ich arbeite mich tief in Herzthemen ein. Weltweit sind Herz-Kreislauf-Erkrankungen die Todesursache Nummer eins. In Deutschland gehen rund ein Drittel aller Todesfälle auf ihr Konto. Selbst im Jahr 2021, mitten in der Coronapandemie, starben laut Daten der Weltgesundheitsorganisation mehr Menschen an den Folgen einer koronaren Herzkrankheit als an Covid-19.

Fünf Risikofaktoren sind zusammen für etwa die Hälfte der weltweiten Herz-Kreislauf-Erkrankungen verantwortlich, schreiben Forscher im Jahr 2025, die Daten von gut zwei Millionen Menschen aus 39 Ländern analysiert haben. Diese fünf Faktoren sind: Bluthochdruck, zu hohe Blutfettwerte, Übergewicht, Diabetes und Rauchen.

Frauen, bei denen im Alter von fünfzig Jahren keiner der Risikofaktoren vorlag, hatten geschätzt gut 13 Jahre mehr ohne Herz-Kreislauf-Krankheit vor sich als ihre Altersgenossinnen, bei denen alle fünf Faktoren zusammenkamen. Bei Männern lag die Differenz bei rund 10,5 Jahren.

Wird in der Arztpraxis ein zu hoher Blutdruck gemessen, ist das ein klares Warnzeichen. Dagegen etwas zu unternehmen, kann das Leben deutlich verlängern. In besagter Studie war ein Senken des Bluthochdrucks vor dem sechzigsten Lebensjahr die Maßnahme, die die meisten weiteren Lebensjahre ohne Herz-Kreislauf-Krankheit versprach. Vor sechzig mit dem Rauchen aufzuhören, brachte die stärkste Lebensverlängerung.

Bei mir wurde schon vor Jahren Bluthochdruck diagnostiziert. Ich nehme seitdem Medikamente dagegen. Vor einigen Jahren sind für mich zwei Mittel dazugekommen, die die Blutfette senken. Zwei der wichtigsten fünf Risikofaktoren habe ich also, aber ich unternehme auch etwas dagegen.

Verschreiben Ärzte Blutdrucksenker, raten sie grundsätzlich zu einem gesünderen Lebensstil. Das war auch bei mir so. Aber ernsthaft darüber nachgedacht habe ich damals nicht. Ich war zu sehr mit anderen Themen beschäftigt. Ich gehe davon aus, dass das ständig passiert: Ärztinnen und Ärzte empfehlen, gesünder zu leben, und verschreiben zusätzlich Medikamente – und die Patienten schlucken zwar die Tabletten, ändern aber nichts an ihren Gewohnheiten. Schade, wenn diese Chance verpasst wird, das Leben gesünder zu gestalten. Doch selbst auf Medikamente greifen viele Menschen nicht verlässlich zurück. Fachleute gehen davon aus, dass etwa die Hälfte der Patienten die verschriebenen Blutdrucksenker nach ein paar Jahren nicht mehr nehmen. Dass sie damit womöglich ihr Leben verkürzen, scheinen sie zu verdrängen.

Ich schaue in die medizinische Leitlinie, welche Lebensstilveränderungen bei Bluthochdruck oder sogenanntem hochnormalem oder erhöhtem Blutdruck empfohlen werden. (Hochnormaler Druck ist zwar noch normal, aber nicht mehr optimal.)

## Wenn Salz den Druck erhöht

Die Liste stimmt mich optimistisch, denn ich gehe jetzt fast alles an: Ich trinke keinen Alkohol mehr, achte auf gesunde Ernährung, reduziere mein Gewicht, treibe Sport und rauche nicht.

Kardiologen empfehlen zudem, täglich maximal fünf Gramm Salz zu sich zu nehmen, das entspricht ungefähr einem Teelöffel. Dazu rät auch die Weltgesundheitsorganisation. Die American Heart Association empfiehlt US-Bürgern und -Bürgerinnen sogar, idealerweise nur 3,75 Gramm Salz täglich zu konsumieren. Die Deutsche Gesellschaft für Ernährung rät Erwachsenen zu maximal sechs Gramm Salz pro Tag.

Im globalen Schnitt nehmen Erwachsene allerdings fast elf Gramm Salz pro Tag zu sich. Die Weltgesundheitsorganisation geht davon aus, dass fast zwei Millionen Menschen jährlich an den Folgen übermäßigen Salzkonsums sterben. Dieser führt dazu, dass im Körper mehr Wasser gebunden wird und sich die Blutmenge erhöht. Mehr Blut übt mehr Druck auf die Gefäße aus, wodurch der Blutdruck steigt. Über die Nieren wird das überschüssige Salz wieder ausgeschieden.

Ein Zuviel an Salz erhöht bei vielen Menschen den Blutdruck. Man geht davon aus, dass etwa ein Drittel der Menschen mit einem normalen Blutdruck sensibel auf Salz reagieren. Bei jenen, die Bluthochdruck haben, spricht mehr als die Hälfte deutlich auf Salzkonsum an. Der Blutdruck von Frauen reagiert häufiger sensibel auf Salz als der von Männern. Zudem steigt die sogenannte Salzsensitivität mit dem Alter an. Bei meinen Recherchen wünsche ich mir, wenigstens ab und zu auf medizinisch-biologische Fakten zu stoßen, die belegen, dass irgendetwas mit dem Alter besser wird!

Den Salzkonsum einzuschränken, ist trotzdem eine Empfehlung, der ich nicht aufmerksam folge. Wie viel Salz ich täglich zu mir nehme, habe ich nie gemessen. Vermutlich liege ich in einem durchschnittlichen Bereich. Ich bin niemand, der ständig sein Essen nachsalzt, aber extra salzarme Schonkost, die fad schmeckt, muss es wirklich nicht sein. Dafür bereitet mir gutes Essen zu viel Freude.

Meine neuen Ernährungsgewohnheiten sollten allerdings helfen, meinen Salzkonsum ohne Quälerei zu senken: Ich esse hauptsächlich frisch Zubereitetes und koche mit vielen Gewürzen und Kräutern, was die nötige Salzmenge automatisch reduziert. Außerdem vermeide ich Fertigprodukte, in denen oft viel Salz steckt.

## Eigentlich genial: Lipoproteine

Wenn Ärztinnen und Ärzte schätzen wollen, wie hoch das Risiko ist, dass jemand einen Herzinfarkt oder Schlaganfall erleidet, schauen sie neben dem Blutdruck auf die Blutfettwerte und prüfen, ob möglicherweise ein Diabetes vorliegt. Unter die Blutfettwerte fallen das gesamte Cholesterin, also das LDL- und HDL-Cholesterin, und die Triglyceride.

Cholesterin ist eine fettähnliche Substanz, die von Zellen als Baustoff genutzt und für die Produktion mehrerer Hormone benötigt wird. Der Körper stellt es größtenteils selbst her, einen Teil nimmt er zudem über die Nahrung auf. Wenn Cholesterin durch den Körper transportiert wird, nimmt es den Hauptverkehrsweg, also die Blutgefäße. Dort ist es auf ein Transportmittel angewiesen, denn Cholesterin ist nicht wasserlöslich, es kann also nicht »nackt« durch die Blutbahn schwimmen. Das gilt auch für die Triglyceride – das sind Fette. Beide, Cholesterin und Triglyceride, werden in eine Schicht sogenannter Phospholipide und Apolipoproteine verpackt. Diese Moleküle teilen eine besondere Eigenschaft: Ein Teil von ihnen ist fettlöslich, ein Teil wasserlöslich. Wenn sie Cholesterin und Fett umschließen, zeigen ihre fettlöslichen Bereiche nach innen und die wasserlöslichen nach außen. Auf diese Weise entstehen kleine Kugeln, die durch die Blutgefäße reisen. Sie werden als Lipoproteine bezeichnet. Es gibt unterschiedliche Gruppen dieser Kugeln, uns interessieren hier vor allem zwei, das LDL und das HDL. Sie unterscheiden sich in ihrer Dichte und ihrer Tätigkeit voneinander. LDL bringt Cholesterin, das in der Leber hergestellt wurde, in alle Bereiche des Körpers. HDL enthält Cholesterin, das aus dem Körper zurück in die Leber gebracht wird. Der LDL-Wert sollte möglichst niedrig sein, der HDL-Wert sollte dagegen nicht zu gering ausfallen, aber dazu später mehr.

Werden nur die eben genannten Werte – LDL, HDL und Triglyceride – gemessen, können einige Menschen mit erhöhtem Risiko für Schlaganfall und Herzinfarkt übersehen werden, nämlich die, die einen hohen Wert des sogenannten Lipoproteins a, kurz Lp(a) haben. Lp(a) ähnelt am meisten dem LDL. Wenn Menschen in jungem Alter, oft bereits vor dem fünfzigsten Geburtstag, einen Infarkt erleiden, stellt sich hinterher häufig heraus, dass ihr Lp(a)-Wert auffällig ist. Der Wert ist schwer durch den Lebensstil beeinflussbar, er wird vor allem vererbt. Schätzungsweise jeder Fünfte hat einen erhöhten Lp(a)-Spiegel. Sind aus der Familie frühe Infarkte bekannt, kann man darüber nachdenken, diesen Wert testen zu lassen. Ist der Wert auffällig, empfiehlt es sich, mit einem gesunden Lebensstil gegenzusteuern, je nach Risiko empfehlen Arzt oder Ärztin zusätzlich cholesterinsenkende Medikamente.

Ich höre mir gern den Podcast des Mediziners und Longevity-Experten Peter Attia an. Attia plädiert dafür, insbesondere einen Wert zu messen, um das Risiko für das eigene Herz zu kennen, nämlich den des Apolipoprotein B, kurz ApoB. Dieser Wert ist laut Attia aussagekräftiger als die üblicherweise ermittelten Werte. Die Diskussion darüber ist auch deshalb interessant, weil sie anschaulich macht, was in den Blutgefäßen passiert und welche Probleme mit dem Alter hinzukommen können.

Eigentlich sind Lipoproteine genial, weil sie es ermöglichen, Fette und Cholesterin durch die Gefäße zu schleusen. Doch kursieren sie im Übermaß in den Blutbahnen, bringen sie ihren Inhalt leider an Orte, an denen er überhaupt nicht benötigt wird: in die

Innenwände der Arterien. Dort treiben Lipoproteine die Arteriosklerose voran. Arteriosklerose, also die Arterienverkalkung, ist ein klassischer Alterungsprozess, in hohem Alter findet sie sich bei praktisch jedem Menschen. Sie entwickelt sich über Jahre und Jahrzehnte und verursacht meist über lange Zeit keine gesundheitlichen Probleme. Bis sie es dann irgendwann doch tut.

Arteriosklerose beginnt damit, dass Lipoproteine in die Wand einer Arterie wandern und dort stecken bleiben. Immunzellen, die eigentlich dafür sorgen sollten, sie abzubauen, fressen sich aufgrund von Fehlsteuerungen in der Gefäßwand mit Lipoproteinen voll und verwandeln sich in fettige »Schaumzellen«, die dort liegen bleiben. Weitere Immunzellen werden angelockt, weitere Lipoproteine verfangen sich – es ist das Paradebeispiel einer chronischen Entzündung. Mit der Zeit bilden sich an diesen Stellen arteriosklerotische Plaques. Das heißt, die Gefäßwand verdickt sich, was die Arterie verengt, bis der Blutfluss gehemmt wird oder das Gefäß komplett verstopft. Plaques können zudem aus der Wand gerissen und durch die Blutbahn geschwemmt werden, bis sie an einer Engstelle stecken bleiben. Je nachdem, wo dies passiert, können unter anderem ein Infarkt oder ein Schlaganfall die Folge sein. Arteriosklerose kann auch die Herzkranzgefäße betreffen, also jene Arterien, die die Herzmuskulatur mit Sauerstoff versorgen, dann entsteht eine Angina pectoris, eine schmerzende Herzenge. Drosselt Arteriosklerose die Blutversorgung der Beine, löst dies die periphere arterielle Verschlusskrankheit aus. Betroffene bleiben wie bei einem Stadtbummel regelmäßig kurz stehen, weil ihre Beine beim Gehen durch den Sauerstoffmangel schmerzen. Daher nennt man dieses Leiden auch die »Schaufensterkrankheit«. Das ist vermutlich die Krankheit, die mir am ehesten droht, wenn ich nicht aktiv etwas dagegen unternehme, weil die Anzeichen für Arteriosklerose bei mir vor allem in den Arm- und Beinarterien zu finden sind.

Die Lipoproteine, die die Arteriosklerose antreiben, sind allen voran LDL, aber nicht nur. Auch Lp(a) und einige bisher nicht genannte (VLDL, IDL) tragen ihren Teil dazu bei. Ihnen ist gemein, dass sie von Apolipoprotein B umhüllt sind, das Peter Attia als wichtigsten Messwert ansieht.

Der Grund ist folgender: In der Hülle jeder einzelnen dieser fetthaltigen Kugeln steckt genau eine Kopie eines Apolipoprotein-B-Moleküls. Misst man also die Menge an ApoB, kennt man die Anzahl der Kugeln im Blut – und damit den entscheidenden Wert, wenn es um Arterienverkalkung geht: Je mehr Kugeln, desto größer das Risiko, unabhängig davon, wie prall sie mit Cholesterin gefüllt sind.

Der herkömmliche LDL-Messwert kann die Gefahr über- oder unterschätzen, weil er nur etwas über die Cholesterinmenge aussagt. Attia ist mit seinem Fokus auf ApoB nicht allein. Europäische Kardiologen diskutieren ebenso darüber, dass dieser Messwert grundsätzlich präziser sei. Allerdings ist die Messung aufwendiger – und in der Regel geben die heute etablierten Werte einen guten Ausblick auf das Arteriosklerose -Risiko.

Das Plädoyer für ApoB soll nicht als Ausrede dienen, die eigenen Blutfettwerte nicht mehr bestimmen zu lassen! Mein ApoB liegt im unteren Normbereich, aber davon lasse ich mich lieber nicht in Sicherheit wiegen.

Das HDL-Cholesterin sorgt übrigens nicht für ein Fortschreiten der Arterienverkalkung, es gilt im Gegenteil als schützend für die Blutgefäße. Daher sollte sein Wert nicht zu niedrig sein. Ihn künstlich zu erhöhen, nützt leider nichts, das hat man in Studien ausprobiert; das Risiko für Herz-Kreislauf-Erkrankungen wurde so nicht gesenkt. Extrem hohe HDL-Werte, die allerdings sehr selten vorkommen, scheinen sogar ungesund zu sein. Insgesamt sei der Stoffwechsel von HDL noch nicht gut verstanden, schrieben Forschende im Jahr 2023.

## So bleiben die Knochen stark

Im April lasse ich meine Knochendichte messen. Medizinisch dient diese Untersuchung vor allem der Abklärung, ob eine Osteoporose vorliegt, die Knochendichte also bereits krankhaft abgenommen hat. Mit schwindender Knochendichte steigt die Gefahr, sich bei einem Sturz etwas zu brechen.

Wer denkt, Knochenschwund sei ein Phänomen des Alters, liegt nur halb richtig. Instinktiv würde man vermuten, dass Knochen, die das stabile Fundament unseres Körpers bilden, sich kaum verändern, etwa so wie eine fertig gemauerte Hauswand einfach steht. Tatsächlich aber werden die Knochen ständig auf- und ab-, kurz: umgebaut. Der Körper ist dabei so emsig, dass bei Erwachsenen im Laufe eines Jahrzehnts rein rechnerisch das gesamte Skelett erneuert wird.

Im Kinder- und Jugendalter wird während des Wachstums vor allem Knochen aufgebaut. Im Alter von zwanzig bis fünfzig Jahren bleibt die Knochenmasse meist relativ stabil beziehungsweise nimmt nur langsam ab. Ab etwa fünfzig Jahren geht der Abbau schneller, wenn man nichts unternimmt. Bewegung schützt ebenso wie eine gute Versorgung mit Calcium und Vitamin D. Zigaretten und Alkohol schaden dagegen den Knochen.

Unter Osteoporose, dem als Krankheit erkannten Knochenschwund, leiden Frauen deutlich häufiger als Männer, 80 Prozent der davon Betroffenen sind weiblich. Das hat mit den Geschlechtshormonen zu tun, die einen positiven Einfluss auf den Knochen-Stoffwechsel ausüben. Der gesenkte Östrogenspiegel nach der Menopause trägt dazu bei, dass die Knochen von Frauen dann schneller abbauen. Laut einer Studie haben etwa 15 Prozent der Frauen zwischen fünfzig und sechzig Jahren Osteoporose, unter den ab Siebzigjährigen ist fast jede zweite betroffen. Bei Männern sinkt zwar der Testosteronspiegel im Alter, mit dem hormonellen Umschwung von Frauen ist das aber nicht vergleichbar. Mein Osteoporoserisiko ist erhöht, weil ich seit meinem Unfall auf Schmerzmittel angewiesen bin.

Die Messung ergibt, dass bei mir zwar keine Osteoporose vorliegt, dass aber die Knochendichte für mein Alter nicht optimal ist. Ich fange deshalb an, Calcium und Vitamin D einzunehmen. Mein Sportprogramm, da bin ich optimistisch, wird nicht nur meine Muskeln stärken, sondern auch den Knochenaufbau wieder stärker fördern.

### Wie Krebs entsteht – und wie er sich verhindern lässt

Das erste Mal in meinem Leben gehe ich zu einer Darmspiegelung. Bei diesem Eingriff kann Darmkrebs frühzeitig erkannt und Krebsvorstufen können sogar direkt entfernt werden. Weil Darmkrebs so häufig ist, wird die Vorsorgeuntersuchung in Deutschland allen Menschen ab einem Alter von fünfzig Jahren einmalig empfohlen – oder alternativ ein Test auf Blut im Stuhl. In reichen Nationen stand Darmkrebs laut der Weltgesundheitsorganisation im Jahr 2021 an siebter Stelle der häufigsten Todesursachen. Bei meiner Untersuchung fällt zum Glück nichts auf.

Das Alter ist der größte Risikofaktor für Krebs. Bereits im Medizinstudium habe ich gelernt, woran das mit aller Wahrscheinlichkeit liegt. Krebs kann entstehen, wenn sich im Erbgut einer Zelle Veränderungen einschleichen, sogenannte Mutationen. Diese Mutationen finden im Prinzip ständig statt. Krebserregende Stoffe fördern sie zusätzlich, etwa die im Tabakrauch enthaltenen. Auch die UV-Strahlung der Sonne löst Mutationen aus, ist also karzinogen. Ebenso kann der schon erwähnte oxidative Stress zu Mutationen führen. Unsere Zellen haben ausgeklügelte Reparaturmechanismen, um unser Erbgutmolekül DNA immer wieder instand zu setzen, aber perfekt sind diese nicht. Mit den Jahren und Jahrzehnten sammeln sich deshalb Mutationen an. Zusätzlich läuft die Reparatur im Alter weniger effizient ab als in jungen Jahren. Auch die epigenetischen Veränderungen, die ich im Zusammenhang mit Tests auf das biologische Alter erwähnt habe, begünstigen in fortgeschrittenen Jahren die Entstehung von Krebs.

Bei Weitem nicht jede Mutation ist gefährlich. Doch je mehr sich ansammeln, desto größer ist die Gefahr, dass das Erbgut an kritischen Punkten mutiert, wodurch dann Krebs entstehen kann.

Glücklicherweise ist eine einzige Zelle mit derart mutiertem Erbgut noch lange kein Tumor, auch dagegen hat der Körper Abwehrmechanismen. Das Immunsystem ist in der Lage, solche Zellen zu erkennen und abzutöten. Erst wenn es der Zelle gelingt, der Körperabwehr zu entgehen und sich ungestört zu teilen, ist das Problem da. Dummerweise haben die gefährlichen Zellen es leichter, wenn das Immunsystem altersbedingt abgebaut hat.

Wenn man bedenkt, aus wie vielen Zellen sich ein Mensch zusammensetzt, lässt sich die Frage jedoch auch andersherum stellen. Nicht: Warum steigt das Krebsrisiko im Alter? Sondern: Wie gelingt es eigentlich, dass die große Mehrheit der Menschen die ersten vier bis fünf Jahrzehnte ihres Lebens ohne Krebs übersteht? In einem Fachartikel ist mir genau diese Frage begegnet. Das Ganze so positiv zu sehen, finde ich gut! Die Forscher weisen dort zum Beispiel darauf hin, dass auch Lungenkrebs, der in den allermeisten Fällen Raucher und Raucherinnen trifft, erst in fortgeschrittenem Alter auftritt. Für sie erscheint das als Hinweis darauf, dass die krebsunterdrückenden Mechanismen in unseren Zellen in jungen Jahren so stark sind, dass sie selbst den Schäden des Rauchens trotzen. Menschen, die in Deutschland eine Lungenkrebsdiagnose erhalten, sind im Schnitt etwa siebzig Jahre alt.

Obwohl das Älterwerden als größter Risikofaktor für Krebs unausweichlich ist, kann man dennoch viel dagegen tun, an Krebs zu erkranken. Fachleute gehen davon aus, dass rund 40 Prozent aller Krebsfälle vermieden werden könnten, wenn Menschen gesünder leben würden. Neben Bewegung, Ernährung, dem Verzicht auf Alkohol und Zigaretten kommt bei der Krebsprävention der Sonnenschutz dazu. Mit meinem hellen Hauttyp bekomme ich relativ schnell einen Sonnenbrand, daher passe ich sowieso auf, nicht längere Zeit ungeschützt in der Sonne zu sein. Im Sommer verwende ich auf Radtouren einen Zinkstift in Kombination oder als Ersatz für Sonnencreme, denn das darin enthaltene Zinkoxid ist ein wirksamer UV-Filter. Die Paste sieht man im Gesicht, sie zieht nicht ein wie eine Creme, aber man kann zwischen verschiedenen Farben wählen. Das muss man mögen, es ist aber auch ein Statement. Bei den Dermatologen an meiner Klinik habe ich damit einen kleinen Trend ausgelöst.

### Stationen meines Test-Marathons

Manche Longevity-Mediziner raten zu einem Ganzkörper-MRT. Mittels eines MRTs lassen sich fast alle Organe gut untersuchen, ebenso Gelenke, Blutgefäße und Muskeln. Die Bilder vom Körperinneren werden mithilfe von Magnetfeldern erstellt. MRTs kommen an vielen Stellen zum Einsatz, wenn es einen konkreten Verdacht gibt, dass jemand an einer bestimmten Krankheit leidet. Beim präventiven Ganzkörper-MRT ist das anders. Hier wird der Körper durchgecheckt, ohne dass Anzeichen für eine spezielle Krankheit vorliegen. Die Hoffnung ist, Krebs und andere Leiden frühzeitig zu entdecken, um sie optimal bekämpfen zu können. Promis wie Kim Kardashian werben begeistert für diesen Check.

Neben den Anhängern der Methode gibt es starke Kritiker des Ganzkörper-MRTs. Ihre Argumente sind folgende: Wird ungezielt der gesamte Körper untersucht, findet sich sehr oft etwas Ungewöhnliches. Das muss dann in weiteren Tests abgeklärt werden, die möglicherweise invasiver und belastender sind als das MRT. In den allermeisten Fällen stellt sich heraus, dass kein Grund zur Sorge besteht – die sich der Patient oder die Patientin aber bis dahin schon längst gemacht hat.

Weil ich mir als Arzt zutraue, mit einem möglicherweise auffälligen Befund professionell umzugehen, lege ich mich in ein Ganzkörper-MRT. Mittels einer Sonografie lasse ich zudem meine Gefäße auf Anzeichen von Arteriosklerose untersuchen, ein Kardio-CT und eine Angiografie kommen noch dazu. Zusammen zeigen diese Untersuchungen: Die großen Arterien und die Herzkranzgefäße sind frei von Ablagerungen, das ist eine gute Nachricht. Wer sich gesundheitlich besser aufstellen will, kann aus meiner Sicht aber getrost auf das Ganzkörper-MRT verzichten, zumal diese Untersuchung auch eine gewisse Summe kostet. Mein Untersuchungsmarathon geht weiter. Ich lasse einen genetischen Test durchführen. Dieser soll abklären, ob ich eventuell ein erhöhtes Risiko für diese oder jene Krankheit geerbt habe. Das Labor meldet sich zurück mit nur einer Auffälligkeit, angeblich vertrage ich kein Histamin. Histamin ist ein Botenstoff mit vielfältigen Wirkungen im Körper. Es beeinflusst das Immunsystem, den Schlaf-Wach-Rhythmus, kann die Atemwege verengen, die Blutgefäße erweitern und Juckreiz auslösen. Ein Unverträglichkeit gegenüber histaminreichen Nahrungsmitteln kann sich zum Beispiel durch plötzliche Rötungen im Gesicht, Juckreiz, Übelkeit oder Erbrechen zeigen. Auch Schwindel und Herzrasen sind möglich. Lebensmittel, die lange gereift oder gegärt sind, sind meist reich an Histamin, etwa Käse, Wein und Sauerkraut. Weil ich noch nie nach dem Verzehr von Käse oder anderen histaminreichen Lebensmitteln irgendwelche der vielen möglichen Symptome hatte, bin ich mir sehr sicher, dass ich nicht unter einer Histaminintoleranz leide.

## Augen auf bei der Wahl des Longevity-Gurus!

Im April und Mai 2024 kontaktiere ich mehrere internationale Longevity-Experten und -Expertinnen, weil ich mir persönliche Beratung wünsche. So kommen weitere Messwerte dazu, die ich erheben soll. Lactat, Ketone, eine dauerhafte Messung des Blutzuckerspiegels, auch mein Kupfer- und Eisenstoffwechsel wird untersucht. Ich schaue zudem weiter auf die Messwerte, die mir mein Ring liefert. Bei aller Neugier wird es mir zwischendurch etwas viel. Helfen mir all diese Werte wirklich weiter?

Ein Experte, der meine Schilddrüsenwerte überprüft, sagt, ich hätte ein Reverse-T3-Syndrom. T3 ist ein normales Schilddrüsenhormon, Reverse-T3 sein Gegenspieler. Krankheiten und starker Stress würden dazu führen, dass der Körper zu viel Reverse-T3 bildet, höre ich mir an. Das würde dann die Rezeptoren an der Schilddrüse blockieren und so verhindern, dass das normale T3 seinen Job erledigen kann. Mit etwas eingenommenem T3 könne ich meine Schilddrüsenrezeptoren quasi freispülen. Das mache ich und anschließend fühle ich mich tatsächlich etwas vitaler. Allerdings zeigen meine medizinischen Recherchen danach: Das Reverse-T3-Syndrom ist, freundlich formuliert, umstritten. 2024 veröffentlichte ein Facharzt einen Artikel über »Pseudo-endokrinologische Krankheiten« und zählte das Reverse-T3-Syndrom dazu. Zwar gebe es Reverse-T3 im Körper und es gebe auch Krankheiten, die dessen Produktion steigerten, aber es binde einhundertmal schwächer an die Schilddrüsenrezeptoren als das echte T3. Es kann demnach also nicht verhindern, dass das normale T3 seinen Job macht. Will sagen: Es gibt, laut dem Endokrinologen, keine Belege für die Existenz dieser Krankheit.

Dass ich das Gefühl habe, die Behandlung habe mir geholfen, könnte daran liegen, dass ich mich durch meinen wieder etwas erholsameren Schlaf und meinen insgesamt veränderten Lebensstil ohnehin besser fühle. Oder, was ich für wahrscheinlicher halte: T3 steigert den Energieumsatz des Körpers und wirkt Müdigkeit entgegen, ich habe also lediglich die Wirkung des Hormons gespürt.

Die Gespräche mit Longevity-Experten, die nicht alle einen medizinischen Hintergrund haben, laufen teilweise kurios ab. Einer rät mir dringend, in Barfußschuhen herumzulaufen. Barfußschuhe verzichten auf ein Fußbett und einen Absatz, die Sohle ist sehr dünn. Beim Gehen oder Laufen muss die Muskulatur deshalb so arbeiten, als ginge man barfuß, wodurch der Gleichgewichtssinn gestärkt wird. Sich auf Barfußschuhe umzustellen, ist allerdings kein Selbstläufer. Man soll mit kürzeren Phasen starten und die Tragezeit stetig steigern. Wenn man es übertreibt, kann das schmerzen. Ich werde mit dem Prinzip nicht warm. Die Muskulatur meines Beines und Fußes trainiere ich beim Radfahren, meinen Gleichgewichtssinn ebenso. Schmerzen beim Gehen begleiten mich seit meinem Unfall. Soll ich mir jetzt durch Barfußschuhe weitere zufügen? Ich habe nicht das Gefühl, dass die Beratung auf mich zugeschnitten ist. Der Experte wirkt ärgerlich, dass ich seinem Rat nicht dankend annehme.

Ein anderer Longevity-Fachmann scheint geradezu besessen von Sport. Mein Ansatz, der zwar ambitioniert ist, aber mir Freiheiten lässt, wenn ich aufgrund anderer Verpflichtungen keine Zeit habe, verträgt sich nicht mit seinen strengen Vorgaben. Als ich mir in einem Gespräch den Satz anhören muss, dass mir mein Leben offensichtlich nicht wichtig ist, wenn ich seinen Rat nicht umsetze, ziehe ich die Reißleine.

In den vergangenen Wochen und Monaten habe ich mich auf viele Tests eingelassen, die von Medizinern nicht einhellig empfohlen werden, weil ich neugierig war und weil ich mir diese Untersuchungen leisten kann. Aber ich gehe lieber meinen eigenen Weg, als mich in ein Korsett von Regeln und Maßnahmen pressen zu lassen, mit denen ich mich nicht identifizieren kann. Ich kann nur raten: Augen auf bei der Wahl des Longevity-Gurus! Noch besser verzichtet man ganz auf Gurus und konzentriert sich lieber auf Maßnahmen, die sich erwiesenermaßen bewährt haben.

## Mein Rat: Den Blutzucker bestimmen lassen

Was mir im Alltag hilft, ist eine genauere Messung des Blutzuckerspiegels über den Tag. Anhand der daraus gewonnenen Erkenntnisse verändere ich konkret ein paar Details bei meinen Essgewohnheiten.

Man muss nicht unbedingt seinen Blutzuckerspiegel über längere Zeit testen, aber dass der Hausarzt im Rahmen einer Routineuntersuchung den Nüchternblutzucker – nach mindestens acht Stunden Fasten – misst oder den Langzeit-Blutzuckerwert HbA1c bestimmt, halte ich für sinnvoll. In Deutschland haben nämlich fast neun Millionen Menschen Diabetes Typ 2. Die International Diabetes Federation schätzt, dass weltweit etwa einer von zehn Erwachsenen an Diabetes leidet, mehr als 90 Prozent davon haben Diabetes Typ 2. Deutlich seltener ist Diabetes Typ 1, der oft schon im Kindes- oder Jugendalter ausbricht und entsteht, wenn die Bauchspeicheldrüse das Stoffwechselhormon Insulin nicht mehr produziert. Diabetes Typ 1 ist eine Autoimmunkrankheit. Typ 2 hingegen entsteht meist, wenn ein ungesunder Lebensstil und eine ungünstige erbliche Veranlagung aufeinandertreffen.

Bei Diabetes Typ 2 sprechen die Körperzellen kaum noch auf das Hormon Insulin an. Dieses gibt eigentlich das Signal, dass Zucker aus dem Blutkreislauf von den Organen und Muskeln aufgenommen werden soll. Bei der Stoffwechselkrankheit reagieren die Zellen darauf jedoch vermindert, sie haben eine sogenannte Insulinresistenz. Infolgedessen steigt der Blutzuckerspiegel an. Die zu hohe Zuckerkonzentration in den Adern hinterlässt Schäden an den Gefäßen. Das Risiko von Herzinfarkt und Schlaganfall steigt, und auch die kleinen Blutgefäße leiden. Die Sehkraft kann schwinden. Die Empfindsamkeit in Händen und Füßen nimmt ab. Die Kombination, dass die Durchblutung leidet und die Empfindsamkeit abnimmt, ist besonders für die Füße riskant: Betroffenen können kleinere Verletzungen an den Füßen entgehen, sodass sich eine Wunde entwickelt. Diese wiederum heilt oft nur schlecht. Im schlimmsten Fall kann es dazu kommen, dass der Fuß amputiert werden muss. Egal, wie glücklich und zufrieden ich einbeinig durchs Leben gehe, aus Erfahrung wünsche ich niemandem diesen Ausgang!

Bevor Diabetes Typ 2 diagnostiziert wird, leben die meisten Betroffenen jahrelang mit einem sogenanntem Prädiabetes, das heißt, die Blutzuckerwerte sind noch nicht so hoch, dass man von Diabetes spricht, aber auch nicht mehr optimal. Wer in dieser Phase gegensteuert, kann die Erkrankung wahrscheinlich verhindern oder zumindest herauszögern.

## Ist mein Alterstest sinnvoll?

Für mich war die Bestimmung meines biologischen Alters der wichtigste Test, den ich durchgeführt habe, da er den Stein ins Rollen gebracht hat. Inzwischen weiß ich, dass einige Mediziner und Wissenschaftlerinnen von solchen kommerziellen Alterstests abraten, weil es noch keine etablierten Therapien gegen vorzeitiges Altern gibt. Sie argumentieren, dass man unabhängig vom Ergebnis sowieso nur die Ratschläge für ein gesundes Leben befolgen könne, die ohnehin bekannt sind. Da ist etwas Wahres dran. Der Schwerpunkt meiner Veränderungen liegt auf mehr Bewegung, gesünderem Essen, der Verbesserung meines Schlafes und der Vermeidung von übermäßigem Stress. Theoretisch hätte ich das alles angehen können, ohne dass mir jemand gesagt hätte, ich sei biologisch schon 74 Jahre alt. Praktisch aber hätte ich mein Leben niemals so zielstrebig und schnell umgestellt, wenn ich nicht mit der Botschaft konfrontiert gewesen wäre, dass mein Leben sehr endlich ist, wenn ich so weitermache. Für mich war das Testergebnis der Weckruf, den ich benötigt habe.

Vielleicht gibt ja ein auffälliger Blutzuckerwert jemandem den entscheidenden Anstoß, so wie es bei mir der Test des biologischen Alters geschafft hat? Oder die Nachricht, dass der Blutdruck im hochnormalen Bereich angekommen ist? Oder das mulmige Gefühl vor der Darmspiegelung? Wer Diabetes, Herzkrankheiten und Krebs vorbeugen will, kann das mit den gleichen Methoden tun, die auch das Altern verlangsamen. Meine Reise, auf der ich meine Lebensuhr zurückdrehe, ist auch eine Reise weg von Diabetes, Demenz und Krebs. Wenn mein Beispiel jemandem als Inspiration dient, um den eigenen Lebensstil umzustellen, hat dieses Buch seinen Zweck erfüllt.

# EIN SPORTPROGRAMM, DAS MIR SPASS BRINGT (UND MIT WELCHEN TRICKS ICH MICH BEWEGE, FALLS ES MAL NICHT SO IST)

Der zweite Freitag im Januar ist offiziell der Quitter's Day, der Tag des Aufgebens. Laut Daten von Sportportalen haben sich bis dahin die meisten Menschen schon wieder von ihren Neujahrsvorsätzen verabschiedet. Nach nicht einmal zwei Wochen! Mehr Bewegung in den Alltag zu bringen oder gar regelmäßig Sport zu treiben, fällt schwer. So geht es mir auch. Ich habe den Überblick verloren, wie viele Fitnessstudio-Abos ich in den vergangenen Jahren abgeschlossen und nie richtig genutzt habe.

Mir ist von vornherein klar, dass ich es nur schaffen werde, wenn ich etwas finde, das mir Spaß bringt. Ich weiß, dass viele Menschen es der Gesundheit wegen mit Sport versuchen, das ist ja auch meine Motivation. Das bedeutet jedoch, dass ein wenig greifbares Ziel wie »Ich sollte gesünder leben« einem sehr konkreten Unbehagen wie »Ich will jetzt nicht raus in die Kälte zum Joggen« gegenübersteht. Wenig überraschend gewinnt in der Regel der innere Schweinehund.

Als Kind und Jugendlicher hatte ich einen hohen Bewegungsdrang. Ich war zwar als Junge etwas übergewichtig, aber in der Pubertät wurde ich schlanker und sportlicher. In der Oberstufe hatte ich Sport als Leistungskurs und spielte in einer Jugendmannschaft Basketball.

Nach meinem Motorradunfall musste ich vier Monate in einem Krankenhausbett verbringen. Mein linkes Bein wurde von einer Metallkonstruktion, einem sogenannten »Fixateur externe«, eingespannt. Unter mir befand sich eine gummiartige Matratze, die verhindern sollte, dass ich mich wundlag. Es war ein heißer Sommer, ich schwitzte, denn in dem Zimmer ohne Klimaanlage wurde es unangenehm heiß. Gewaschen wurde ich vom Pflegepersonal, meist war es eine Katzenwäsche mit einem nassen Lappen. Ich habe mir so sehr eine Dusche gewünscht!

Vier Monate konnte ich nicht aufstehen, ich konnte nicht einmal auf der Seite liegen, weil ich durch den Fixateur in eine Position gezwungen wurde. Ich musste eine Bettpfanne benutzen und eine Flasche zum Urinieren. Als ich zum ersten Mal wieder duschen durfte, habe ich vor Freude geweint.

Nach diesen Monaten im Krankenhausbett hatte ich noch einen langen, von Schmerzen geprägten Weg vor mir. Meine erste Prothese wog sehr viel, über ein Jahr konnte ich nur auf Krücken gehen. Gegen die Schmerzen verschrieb man mir Morphium. Während des Medizinstudiums entwickelte ich eine Osteomyelitis, eine Knochenentzündung, in deren Verlauf Bakterien den Knochen zerstören. Erneut musste ich für einen Eingriff ins Krankenhaus, damit man mir sogenannte Antibiotikaketten einsetzte, um die Bakterien abzutöten.

Meine Anatomieprofessorin, sehr streng, aber auch sehr fair, erlaubte mir, meine Prüfungen früher abzulegen, damit ich in die Klinik konnte. Wäre ich durchgefallen, hätte ich das Semester wiederholen müssen. Mit Fieber, unglaublichen Schmerzen und vollgepumpt mit Morphium bestand ich meine Anatomieprüfungen. Noch am selben Tag lag ich im Krankenhaus.

Doch auch mit diesem Eingriff war es nicht ausgestanden. Die folgenden zwei Jahre quälten mich weiterhin Schmerzen, oft war ich auf Krücken angewiesen. In dieser Zeit magerte ich auf 70 Kilogramm ab. Ich sah nicht nur aus wie ein Junkie, im Prinzip war ich einer, selbst wenn mir die Schmerzmittel aus gutem Grund verordnet worden waren. Diese Jahre wurden so von Schmerzen dominiert, das ich keine Kraft mehr für ein Sozialleben fand. Ich stand an einem Punkt, an dem ich meinen Lebensmut schwinden sah.

Später habe ich gelesen, dass solche Schmerzen nach Amputationen oft vorkommen, in einer europäischen Studie gab knapp die Hälfte der Befragten an, unter Stumpfschmerzen zu leiden. Phantomschmerzen, bei denen die amputierte Gliedmaße wehtut, sind sogar noch häufiger.

Um den Schmerzen zu entkommen, wünschte ich eine weitere Amputation. Das war drei Jahre nach dem Unfall. Viele Chirurgen – Chirurginnen waren damals eine Seltenheit! –, die ich anfragte, lehnten ab. Obwohl mir das Gewebe solche Schmerzen bereitete, erschien es ja gesund. Im Unfallkrankenhaus Boberg fand ich schließlich einen Chirurgen, der mich buchstäblich erlöste. Er nahm mir noch ein Stück des Beines ab. Danach ging es bergauf. Zwar bin ich bis heute nicht komplett schmerzfrei und immer noch auf Schmerzmittel angewiesen, doch diese Folgeoperation hat mir enorm viel Lebensqualität zurückgegeben.

Wer sich morgens entscheiden kann, ob er mit dem Rad zur Arbeit fährt oder abends noch eine Runde schwimmen geht, ist sich dabei oft gar bewusst, dass das Privilegien sind, die mit einem Schlag enden können. Ich denke beim Duschen äußerst selten an den 19-jährigen Felix im Klinikbett, dafür ist die Dusche zu alltäglich. Wenn ich allerdings in einen See oder ins Meer springe, geht mir durch den Kopf, wie wertvoll körperliche Unabhängigkeit ist. Diese will ich mir so lange wie möglich erhalten!

## So lässt sich die passende Sportart finden

Ich gehe Sportarten durch, die mir grundsätzlich Spaß bringen und die ich ausüben kann. Wegen meiner Amputation fallen einige für mich weg. Basketball kann ich ebenso vergessen wie Tennis, Fußball oder Laufen, um nur ein paar zu nennen. Mir bleiben Radfahren, Schwimmen und generell Wassersportarten. Auch Krafttraining geht, wobei ich hier nicht alle Übungen durchführen kann.

Radfahren erscheint mir für den Start optimal, es kombiniert mehrere Pluspunkte: Ich bin draußen in der Natur, die ich beim Radfahren genießen kann. Ich kann solo fahren, wenn es gerade in meinen Terminkalender passt, aber auch mit Freunden, um nicht allein Sport zu treiben. Ich kann mir in der Umgebung verschiedene, unterschiedlich anspruchsvolle Routen zusammenstellen. Weil mich die Herausforderung reizt, kann ich mir selbst kleine Challenges setzen, etwa eine Strecke mindestens zehn Minuten schneller zu schaffen als beim vorigen Mal. Um mich an Tagen mit geringer Motivation zu belohnen, kann ich sogar mal einen Stopp an einem guten Lokal einplanen.

Das sind meine persönlichen Pluspunkte fürs Radfahren. Wer eine Radtour unweigerlich mit Langweile verknüpft, sollte über einen anderen Sport nachdenken.

Folgende Fragen können helfen, den richtigen Sport zu finden:

- Möchte ich Sport zusammen mit anderen Menschen ausüben oder allein?
- Daran anschließend: Würde mir die gemeinsame Verpflichtung beim Mannschaftssport helfen, dranzubleiben?
- Brauche ich die soziale Komponente, Teil eines Teams oder Duos zu sein, um mich dauerhaft für Sport zu begeistern?
- Steigert Wettbewerb meine Freude am Sport?
- Will ich Sport damit verbinden, draußen zu sein?
- Will ich so wenig Zeit wie möglich dafür aufwenden?

Vielleicht ist das ein zu optimistischer Gedanke, aber ich glaube, dass es für jeden Menschen die richtige Sportart gibt. Auch weil sich viele Sportarten mit etwas Weiterem verknüpfen lassen. Wer gern in der Natur ist, kann joggen oder Rad fahren. Wer soziale Kontakte pflegen möchte, ist bei einer Mannschaftssportart richtig.

Ist ein Sport mit Partner oder Partnerin Sport gewünscht, gibt es sogar die Wahl, ob miteinander, etwa beim Tanzen oder Klettern, oder gegeneinander – da bieten sich Badminton oder Tennis an.

Ein Sportprogramm mit möglichst wenig Aufwand kann einen guten Einstieg bieten, etwa im Wohnzimmer Übungen von Youtubern und Fitness-Influencerinnen nachturnen oder in das Yogastudio gehen, das auf dem Weg zwischen Arbeit und zu Hause liegt.

Es gibt unzählige Listen, welcher Sport besonders gesund ist in diesem oder jenem Zusammenhang. Ich plädiere dafür, sie zu ignorieren, wenn man mehr Bewegung in sein Leben bringen will, und sich voll darauf zu konzentrieren, was einem am meisten Spaß bringt. Denn der gesündeste Sport ist der, bei dem man dabeibleibt.

Nachdem ich aus dem Urlaub zurück bin, putze ich also mein altes Rennrad. Eine Ausrede weniger, nicht losfahren zu können! Ich wohne zwanzig Minuten außerhalb von Zürich. In der Nähe fließt die Aare, rundherum gibt es überall Wälder und eine gute Anzahl Höhenmeter lassen sich auch überwinden, wenn man will.

Es dauert trotzdem eine Weile, bis ich das erste Mal fahre. Im Januar und Februar ist mein Schlaf noch so schlecht, dass ich mich voll auf dieses Thema konzentriere. Ich muss nicht alles auf einmal angehen.

Die erste Tour plane ich an einem ruhigen Wochenende im März ein. Ich will mich nicht stressen. Ich lege alles darauf an, mir zum Start ein schönes Erlebnis zu schaffen. Deshalb wähle ich eine entspannte, vergleichsweise flache Tour entlang der Aare. Die Natur ist wunderschön. Der Frühling hat schon begonnen.

Dass Sport das Denkvermögen fördert, weiß man aus vielen Studien. 2023 untersuchten Forschende, welchen Unterschied es macht, ob man drinnen oder draußen trainiert – mit einem klaren

Ergebnis: Die Bewegung in der Natur hatte einen stärkeren positiven Effekt. Das glaube ich sofort!

Ich fahre bewusst, ohne mich voll auszupowern. Mir geht es nicht um den größten Trainingseffekt, sondern um einen schönen Beginn, auf den ich aufbauen kann.

Ich vermute, viele Sportvorsätze scheitern, weil Menschen versuchen, sofort von null auf hundert zu beschleunigen. Der Spaß bleibt dabei auf der Strecke, am nächsten Tag wachen sie mit fürchterlichem Muskelkater auf – und schon ist der Quitter's Day näher gerückt.

## Bewegung ist die wichtigste Stellschraube

Die Weltgesundheitsorganisation WHO empfiehlt Erwachsenen pro Woche mindestens zweieinhalb bis fünf Stunden moderate Bewegung und mindestens 75 bis 150 Minuten Bewegung mit hoher Intensität. Zusätzlich sollte man an mindestens zwei Tagen in der Woche Übungen machen, die möglichst alle Muskelgruppen stärken. Es darf gern mehr sein, als in dieser Empfehlung steht. Mit Bewegung ist übrigens nicht bloß Sport gemeint. Vom Spaziergang mit dem Hund bis zur Gartenarbeit zählen alle bewegten Freizeitaktivitäten dazu. Menschen, die einen körperlich fordernden Job haben, sind natürlich auch ohne Sportprogramm viel aktiver, als die WHO es empfiehlt. Dennoch erreicht rund ein Drittel der Bevölkerung die von der Weltgesundheitsorganisation gesetzten Ziele nicht. Die Liste an Gründen für ein gutes Sportprogramm ist überzeugend: Bewegung senkt das Risiko für Herz-Kreislauf-Erkrankungen, für verschiedene Krebsarten, für Diabetes Typ 2. Sie verlängert das Leben und wirkt sich positiv auf die mentale Gesundheit, das Denkvermögen und den Schlaf aus.

Fehlt die Zeit für Sport, hilft es, im Alltag kürzere Strecken wann immer möglich zu Fuß zurückzulegen. Denn bereits eine höhere tägliche Schrittzahl ist laut Studien mit einem geringeren Sterberisiko verbunden! Im Jahr 2021 berichteten Forschende aus den USA, dass Menschen, die mindestens 7000 Schritte pro Tag zurücklegten, ein 50 bis 70 Prozent geringeres Sterberisiko hatten als jene, die weniger gingen. Gut 2000 Frauen und Männer im Alter von 38 bis 50 hatten an der Untersuchung teilgenommen. Laut einer Studienübersicht aus dem Jahr 2022, die Daten aus 15 Untersuchungen zusammenfasst, sinkt das Sterberisiko bei unter 60-Jährigen mit zunehmender täglicher Schrittzahl, bis 8000 bis 10 000 Schritte erreicht sind. Bei über 60-Jährigen ist dies bereits bei 6000 bis 8000 Schritten der Fall.

Auf meinem Weg, mich biologisch zu verjüngen, ist Bewegung die wichtigste Stellschraube. Wenn man übers Altern spricht, geht es oft um die ersten offensichtlicheren Zeichen, etwa dass die Haut durch Altersflecke ihren jugendlichen Look verliert, sich Falten bilden oder die Haare ergrauen. Wir sprechen darüber, weil uns diese Veränderungen beim Blick in den Spiegel auffallen. Mir mag man von außen nicht ansehen, dass ich biologisch vorzeitig gealtert bin, aber ich spüre, dass ich nicht mehr die Kraft, die Stabilität und das Gleichgewicht habe wie früher. Vor allem unter der Dusche fällt mir das auf, wo ich keine Prothese trage. Ich hüpfe auf einem Bein hinein. Das gelingt mir weiterhin gut, war früher aber geschmeidiger. Schließe ich beim Duschen die Augen, während ich meinen Kopf wasche, kann ich das Gleichgewicht nicht mehr so gut halten wie noch vor zehn Jahren. Auch wenn ich beim Gehen auf unebenem Grund kurz die Balance verliere, kann ich das nicht mehr so blitzschnell ausgleichen wie früher. Das liegt am Verlust von Muskelfasern, die Kraft und Schnelligkeit geben. Wer auf solche kleinen Zeichen achtet, merkt mit fünfzig Jahren aufwärts, dass sich der Körper verändert. Dann ist es höchste Zeit, gegenzusteuern, denn im höheren Alter bietet eine gute Körperstabilität in Kombination mit einem ausgeprägten Gleichgewichtssinn Schutz vor einem Sturz. Oft ist nämlich so ein Sturz, bei dem aufgrund der verringerten Knochendichte oder einer schon ausgeprägten Osteoporose häufiger etwas bricht, der Anfang vom Ende. Ich will nicht zu der für Deutschland geschätzt halben Million Menschen gehören, die jährlich wegen eines Sturzes im Krankenhaus landen, und schon gar nicht zu den vielen Tausenden, die infolgedessen sterben.

Der Verlust von Muskelmasse und -kraft verläuft zunächst oft schleichend, sodass man ihn gar nicht wahrnimmt. Es beginnt etwa im Alter von dreißig. Pro Jahrzehnt gehen schätzungsweise drei bis acht Prozent der Muskelmasse verloren. Mit der Zeit beschleunigt sich der Abbau. Bei Frauen gibt es oft nach der Menopause eine Phase des stark beschleunigten Abbaus. Wer nichts tut, hat bis zum 80. Geburtstag etwa 40 Prozent der Muskelmasse verloren. Mit dem Schwinden der Muskelmasse geht auch ein Verlust der Muskelkraft einher. Die Folgen davon werden sichtbar, wenn älteren Menschen ganz alltägliche Bewegungen schwerfallen.

Die Medizin hat den altersbedingen Verlust von Muskulatur lange vernachlässigt. Inzwischen beschäftigen sich Ärztinnen und Ärzte mehr mit der sogenannten Sarkopenie und sehen sie als eine Krankheit an. Sie messen unter anderem Griffstärke und Gehgeschwindigkeit, um diese zu diagnostizieren.

Eine gute Nachricht, nicht nur für mich: Wer Sport treibt, kann den Muskelabbau deutlich abbremsen. Es lohnt sich in jedem Alter, mit Bewegung gegen diese Alterskrankheit anzugehen. Denn der Muskelaufbau wird zwar mit den Jahren nicht einfacher, ist aber immer machbar.

So, damit wäre eine weitere Ausrede aus dem Weg: Man ist nie zu alt, um mit Sport anzufangen! (Neben der Bewegung stellt auch die richtige Ernährung einen starken Hebel dar, um Muskeln und Kraft zu erhalten, aber dazu später mehr.)

Wer sich partout für keinen Sport begeistern kann, aber tierlieb ist und die Möglichkeit hat, einem Hund ein schönes Zuhause zu bieten, kann zusammen mit einem Vierbeiner nach draußen gehen. Diverse Studien zeigen, dass sich Hundehalter mehr bewegen, weil sie auch bei schlechtem Wetter ihre Runde drehen. Einen Hund zu haben, hat Forschungsergebnissen zufolge sogar einen schützenden Effekt aufs Denkvermögen und Gedächtnis. Das ist vermutlich darauf zurückzuführen, dass Bewegung auch das Hirn jünger hält.

Aber Achtung! Hunde sind weder Sportgeräte noch Anti-Aging-Mittel. Sie sind Lebewesen, für die wir die Verantwortung übernehmen und die uns dafür aus ganzem Herzen ihre Liebe schenken. Die Motivation, einen Hund zu halten, darf deshalb nicht nur dem Wunsch entspringen, sich mehr zu bewegen. Das würde dem Tier nicht gerecht. Ich bewege mich natürlich auch mit meinen Hunden, brauche jetzt aber ein Sportprogramm, das darüber hinausgeht.

### Wie es mir gelingt, regelmäßig ins Fitnessstudio zu gehen

Mit Krafttraining, das meine Muskeln stärkt, tue ich mich schwerer als mit dem Ausdauersport. Ich fange daher bewusst mit einer kleinen Dosis an: zehn Liegestütze pro Tag, bei denen die Knie am Boden sind. Die sind einfacher als der klassische Liegestütz, gehen aber trotzdem an meine Belastungsgrenze. Spaß bringt das überhaupt nicht, ich muss mich durchbeißen. Erst als ich nach wenigen Wochen merke, wie sich meine Leistung steigert, kommt etwas Freude bei den Übungen auf.

Als ich im Sommer 2024 den Kraftsport ausbauen will, stehe ich vor einem Problem: Ich mag keine Fitnessstudios. Die Übungen, die man an den Geräten ausführt, sind mir zu monoton. Krafttraining ist für mich ein Synonym für Langweile. Außerdem wirkt die Einrichtung der meisten Studios ziemlich freudlos auf mich. Häufig ist sie dunkel und es gibt nur Neonlicht – das Gegenteil einer Wohlfühlatmosphäre. Und von der mangelnden Hygiene, die mir aus professionellen Gründen sofort ins Auge springt, will ich gar nicht erst anfangen.

Ich muss eine Routine finden, mit der ich trotzdem Spaß beim Muskeltraining finde und dranbleibe. Mein Plan hat zwei Stufen. Zuerst fahre ich über mehrere Wochen dreimal pro Woche ins Fitnessstudio und bleibe nur fünf Minuten. Die Zeit ist extra knapp bemessen. Ich muss nicht richtig trainieren, sondern nur eine Routine schaffen.

Dann zünde ich die zweite Stufe. Ich höre gern Podcasts. Das erlaube ich mir jetzt nur noch, während ich im Fitnessstudio bin. Statt mich also zu ärgern, dass ich zum Training muss, freue ich mich darauf, Podcasts zu hören.

Der Trick erfordert etwas Disziplin, in einem schwachen Moment auf dem Sofa sitzend doch wieder die neue Folge anzuschalten, ist tabu. Für mich funktioniert es einwandfrei. Abgesehen von Ausnahmesituationen, etwa einem Langstreckenflug, höre ich ab jetzt nur noch im Fitnessstudio Podcasts. So gelingt es mir, das Krafttraining für mich positiv zu besetzen.

Ich kann mir vorstellen, dass eine Verknüpfung wie diese vielen Menschen helfen kann, eine bessere Sportroutine zu finden. Vielleicht ist es bei anderen eher eine bestimmte Musik. Oder man verabredet mit einer Freundin, sich seltener zum Essen zu treffen und dafür häufiger zum Sport. Was auch immer am besten ins eigene Leben passt.

Wie lange es dauert, bis das neue Sportprogramm so zur Gewohnheit geworden ist, dass man sicher dabeibleibt, lässt sich nicht genau sagen. Oft wird behauptet, es benötige bloß drei Wochen, bis sich eine neue Routine etabliert hat. Studien kommen aber zu einem anderen Ergebnis. Demnach ist es von Mensch zu Mensch verschieden und hängt zudem davon ab, wie aufwendig und komplex das ist, was wir uns angewöhnen wollen. Täglich abends nach dem Zähneputzen auch Zahnseide zu benutzen, wird wahrscheinlich schneller eine Gewohnheit, als dreimal pro Woche ins Fitnessstudio zu gehen. In einer Untersuchung brauchten Teilnehmende zwischen 18 und 254 Tage, um eine gesundheitsfördernde Aktion in ihrem Alltag zu etablieren – beispielsweise ein großes Glas Wasser zum Mittag zu trinken oder vor dem Abendbrot 15 Minuten zu joggen. Die Hälfte der Teilnehmenden war nach 66 Tagen am Ziel. Gut zwei Monate, das ist ein Zeitrahmen, mit dem sich arbeiten lässt!

Zum Radfahren muss ich mich nicht zwingen. Nach ein paar Wochen beginne ich, dieses Training zu optimieren. Ich fange an, meine Herzfrequenz beim Radfahren zu messen und meine Anstrengung entsprechend anzupassen.

## Meine liebste Erkenntnis über Ausdauersport

Anhand der Herzfrequenz lassen sich fünf Zonen einteilen – oder vier oder sechs, man findet eine Menge leicht abweichender Programme. Ich entscheide mich für das mit fünf Zonen. Diese reichen vom Regenerations- bis zum Spitzenbereich.

Um die Herzfrequenz für das Training zu nutzen, muss man den eigenen Maximalwert kennen. Oft wird eine sehr einfache Formel genannt, um sie näherungsweise zu ermitteln: Demnach liegt die maximale Herzfrequenz, also die Höchstanzahl der Herzschläge pro Minute, bei 220 minus das Alter. Das ergibt bei mir 171, wenn ich mein chronologisches Alter verwende. Die Formel ist allerdings nicht für alle Menschen geeignet. Ich würde deshalb nicht empfehlen, sie zu nutzen, sondern die maximale Herzfrequenz praktisch zu ermitteln.

Profis bestimmen sie auf dem Laufband unter Laborbedingungen. Ich habe mich auf einer Radtour, nachdem ich schon eine Stunde unterwegs war, an einem Berg bewusst bis zum Letzten verausgabt. Die höchste Angabe auf meinem Pulsgurt habe ich mir als meine maximale Herzfrequenz gemerkt. Sie liegt bei 210. Da sieht man, dass die eben genannte einfache Formel wenig taugt.

Nun zu den fünf Zonen: Zone 1 ist recht locker und wird sogar als »aktive Erholung« bezeichnet. Man trainiert bei etwa 50 bis 60 Prozent der maximalen Herzfrequenz. Das dient zum Beispiel dem Aufwärmen.

In Zone 2 geht es bis auf 70 Prozent hoch. Hier wird schon die Ausdauer trainiert, aber diese Intensität lässt sich lange durchhalten. Meine Zone 2 liegt bei einer Herzfrequenz von 126 bis 147.

Zwischen 70 und 80 Prozent der Herzfrequenz, in Zone 3, wird es schon spürbar anstrengender.

Zwischen 80 und 90 Prozent der maximalen Herzfrequenz in Zone 4 halten Hobbysportler und -sportlerinnen einige Minuten durch und Zone 5 mit über 90 Prozent powert einen bereits in einer Minute total aus – je nach Fitnesslevel variieren diese Werte.

Ich verrate gern meine liebste Erkenntnis über den Ausdauersport: Optimal ist es, die meiste Zeit in Zone 2 zu trainieren. In Zone 2 kann man sich unterhalten, wenn auch etwas angestrengt. Selbst Radprofis absolvieren etwa 80 Prozent ihres Trainings in Zone 2.

## Wie ich meine $VO_2$max steigere

Einer der wichtigsten Werte für ein langes gesundes Leben ist die sogenannte $VO_2$max. Der Wert gibt an, wie viel Sauerstoff (chemisch: $O_2$) der Körper maximal in einer Minute verwerten kann, wenn man an seine Belastungsgrenze geht. Er zeigt damit, wie gut das Herz-Kreislauf-System Sauerstoff zu den Muskeln bringen kann, und dient dazu, die sogenannte »aerobe« (das heißt: auf Sauerstoff beruhende) Leistungsfähigkeit zu messen.

Meist wird die »relative« $VO_2$max angegeben, bei der das jeweilige Körpergewicht einberechnet wird.

Männer mit einem $VO_2$max-Wert unter 40 sind wahrscheinlich untrainiert. Mit etwas Sport können sie Werte von 50 und mehr erreichen. Manche Profisportler haben einen $VO_2$max von 80 oder mehr. Frauen haben im Schnitt etwas niedrigere $VO_2$max-Werte als Männer. Ist der $VO_2$max sehr niedrig, können bereits ein paar Treppenstufen oder eine schwere Einkaufstasche zu Kurzatmigkeit oder schmerzenden Muskeln führen.

Menschen können mehr Leistung abrufen, als die $VO_2$max vermuten lässt – mithilfe der »anaeroben« Ausdauer. Auf diese greift der Körper zu, wenn er sich anstrengen muss, während kein Sauerstoff mehr zur Verfügung steht. Profisprinter müssen eine ausgezeichnete anaerobe Ausdauer haben. Die Muskelzellen bauen für diese Form der Energiegewinnung Kreatin ab. (Zu dieser Substanz komme ich später.)

Den $VO_2$max-Wert auf klassische Weise zu bestimmen, ist aufwendig: Man muss dafür mit Atemmaske aufs Laufband. Smartwatches oder Fitnesstracker können den $VO_2$max schätzen, aber es gibt natürlich im Einzelfall keine Garantie, wie präzise dies ist. Aber wer es mit ein und demselben Fitnesstracker protokolliert, sieht, wie sich der Wert über die Zeit verändert.

Um meine $VO_2$max zu verbessern, will ich beim Radfahren wie ein Profi 20 Prozent jenseits von Zone 2 trainieren, bis hoch zu Zone 5, um meine Leistungsgrenze zu erhöhen.

Die Landschaft meiner Wahlheimat ist dafür bestens geeignet, denn es geht schnell hoch in die Berge. Die Route, die ich ab dem Sommer oft fahre, führt zu Beginn rund 24 Kilometer recht flach am Ufer der Aare entlang, ehe ich rund 560 Höhenmeter am Berg überwinde, um meine $VO_2max$ zu trainieren. Eine autofreie Straße führt mich an malerischen Bauernhöfen vorbei. Die Intervallfahrt am Berg ist immer fordernd, egal, wie gut man trainiert ist. Ich fahre in Intervallen immer wieder rund drei Minuten am Limit, das letzte davon an meiner absoluten Leistungsgrenze. An Sprechen ist nicht mehr zu denken! Ich hechle, mein Herz rast, die Muskeln schmerzen und ich bin so angestrengt, dass ich fast vom Rad falle.

Anschließend fahre ich eine Zeit lang langsam, bis meine Herzfrequenz wieder auf 40 bis 50 Prozent ihres Maximalwertes sinkt. Danach starte ich ein weiteres intensives Intervall. Meist absolviere ich drei bis fünf davon pro Tour.

Oben angekommen genieße ich kurz den Ausblick, ehe ich auf einer anderen Route nach unten radle. Für diese Tour benötige ich rund zwei Stunden. Es gibt keine schönere Art, den Tag zu beginnen! An den ersten Frühlingstagen sehe ich die Sonne aufgehen und höher steigen. Später, im Sommer, starte ich oft bei Sonnenschein. Ich fahre auch bei schlechtem Wetter. Danach hüpfe ich zu Hause unter die Dusche, bevor ich voller Energie und mit einem guten Körpergefühl mein weiteres Tagwerk angehe.

Noch vor Kurzem habe ich gesagt, ich würde versuchen, morgens wenigstens ein bisschen Sport zu machen. Jetzt beginne ich den Tag meistens mit zwei Stunden auf dem Fahrrad. Was für eine Entwicklung in wenigen Monaten!

### Beziehungspflege auf dem Rad

Ich entdecke meine Leidenschaft für Rennräder. Ein guter Freund von mir, Thomas Binggeli, deckt mich mit fantastischen Rädern seiner Marke ein. Ich führe viele Gespräche mit Thomas, der sein Unternehmen auf dem Bauernhof seiner Eltern gegründet hat. Wir sprechen nicht nur über unsere Arbeit, sondern viel über das Leben – immer in Zone 2, auf dem Rad. Ich lade weitere Freunde auf Radtouren ein. Sogar meinen Banker bitte ich inzwischen aufs Velo.

Mit Blick auf mein Drei-Säulen-Konzept kann ich sagen: Eine Radtour ist für mindestens zwei, manchmal für alle drei Säulen ein Gewinn. Dass sie die Gesundheit fördert, ist klar. Fährt man nicht allein, pflegt man dabei Beziehungen. Ich habe auf dem Fahrrad schon zusammen mit Freunden neue Geschäftsideen entwickelt, da wäre dann die dritte Säule.

Leider beschert mir der Sport auch Frustmomente. An die Leistungen, die ich in jüngeren Jahren schaffte, komme ich beim besten Willen nicht mehr ran. Wenn ich mit Freunden fahre, bin ich am Berg garantiert der Letzte. Das liegt auch an meinem fehlenden Bein. Als von Natur aus ehrgeiziger Mensch muss ich erst einmal akzeptieren, dass ich keine außergewöhnlichen Bestleistungen zustande bringe. Was mir dabei hilft: Viel wichtiger als das Erreichen eines Rekordes ist, dass ich es schaffe, Sport in einem sehr guten Maß in meinen Alltag zu integrieren. Besonders das Radfahren mit Freunden bereitet mir Spaß – und sie warten auf mich am Gipfel.

Sportliche Challenges setze ich mir trotzdem, aber nur gegen mich selbst. Im Sommer fahre ich regelmäßig meine Morgenrunde, auf der ich versuche, jedes Mal ein bisschen schneller zu sein als beim Mal zuvor. Außerdem melden wir uns zu viert bei den Hamburg Cyclassics an, die Anfang September stattfinden. Es stehen Strecken über 60 oder 100 Kilometer zur Auswahl. Wir entscheiden uns für die längere Strecke. Dass das Training ein konkretes Ziel hat, treibt mich an.

## Einfach und effektiv: die Jokerregel

Dass ich meine Tage regelmäßig mit einer zweistündigen Radtour beginnen kann, ist ein Luxus, das ist mir klar. Die Zeit muss man erübrigen können. Doch auch mit knappem Zeitbudget lässt sich mehr Bewegung in den Alltag bringen. Kleine Challenges gegen sich selbst können dabei helfen, dass das genug Spaß bringt, um dranzubleiben. Wenn ich in der Klinik bin und die Treppe rauflaufe, versuche ich zum Beispiel, zwei oder drei Stufen auf einmal zu nehmen, um mich zu fordern.

Selbst mit wenig Zeit, ohne jegliches Gerät oder gar Fitnessstudio lässt sich ein kurzes Trainingsprogramm erstellen, für das auch im hektischen Alltag Zeit sein sollte. Ein paar Liegestütze, eventuell auf Knien, so wie ich angefangen habe. Eine halbe Minute bis Minute einen Unterarmstütz, den Plank, halten. Ein paar Sit-ups. Im Netz finden sich unzählige Anleitungen inklusive Videos für einfache Übungen, die nur mit dem eigenen Körpergewicht funktionieren. Mit vier oder fünf Übungen lässt sich schon viel erreichen. Und sobald man alles ohne Anstrengung bewältigt, einfach ein paar Übungen oder Wiederholungen mehr machen. Wichtig ist, erst einmal zu beginnen und eine Routine zu finden: Lieber nur dreimal in der Woche planken, als gar nichts tun.

Ich persönlich weiß allerdings nicht, ob ich so ein Programm dauerhaft durchziehen könnte. Damit ich dranbleibe, brauche ich mehr, das mich motiviert: Am besten ist natürlich, wenn der Sport so viel Spaß bringt, dass er selbst die Belohnung ist. Das geht mir beim Radfahren so.

Ansonsten benötigte ich Challenges, anhand derer ich merke, dass ich besser werde. Oder eine direkte Belohnung, wie das Hören einer neuen Podcast-Folge. Die Belohnung zu finden, die für einen persönlich funktioniert, ist aus meiner Erfahrung der Schlüssel für mehr Bewegung im Leben.

Trotzdem bin auch ich nicht jeden einzelnen Tag hoch motiviert. Und manchmal kommen Termine dazwischen. Um mir Flexibilität zu ermöglichen, führe ich die Jokerregel ein: Einmal kann ich das Training ausfallen lassen, egal aus welchem Grund.

Aber nie zweimal hintereinander! Einmal wegen akuter Unlust nicht ins Fitnessstudio zu gehen, ist eine Ausnahme. Es zweimal hintereinander ausfallen zu lassen, birgt das Risiko, die gute neue Gewohnheit wieder zu verlieren.

In den Sommermonaten bewege ich mich auch ohne Sportprogramm mehr. Einfach, weil ich mal mit dem Boot unterwegs bin und schwimme oder draußen Federball spiele. Das war in den Sommermonaten schon immer so. Jetzt habe ich eine objektive Bestätigung, weil mein Ring und meine Smartwatch Daten sammeln.

## Mein erstes Radrennen

Als die Cyclassics näher rücken, treibt mich ein wenig die Sorge um, ob ich es schaffen werde. Um im Zeitlimit zu bleiben, muss man im Schnitt 30 Kilometer pro Stunde fahren. Das gelingt mir auf meinen Touren praktisch nie. Auf flacher Strecke liege ich bei 27 Kilometer pro Stunde – an einem wirklich guten Tag.

Habe ich mir zu viel vorgenommen? Ich werde es versuchen und mein Bestes geben. Falls ich es in diesem Jahr nicht schaffe, dann klappt es im nächsten. Ich lasse mich jedenfalls nicht entmutigen.

Zwei befreundete Ärzte fahren mit und ein Freund aus Freiburg, Daniel, den ich im Jahr zuvor bei einem Event kennengelernt habe.

Die Stimmung ist schon vor dem Start ganz besonders. Wir sind insgesamt 15 000 Teilnehmende, das Wetter ist wunderschön, und an den Straßenrändern stehen Tausende Menschen, die uns zujubeln. Die Strecke führt aus Hamburg hinaus nach Schleswig-Holstein und wieder zurück. Berge hat die Region nicht zu bieten, aber sie hat ihren ganz eigenen Charme, wenn man den Blick über weite, flache Felder schweifen lassen kann.

Ich bin zwar nicht hier geboren und lebe nun schon länger in der Schweiz, aber wenn man mich fragt, wo ich herkomme, sage ich: Hamburg. In dieser Stadt habe ich prägende Jahre als Jugendlicher und junger Erwachsener verbracht. Mein erstes richtiges Radrennen hier zu fahren, ist deshalb etwas Besonderes für mich.

Nach dem Start kann ich zwei aus unserer Vierergruppe nicht mehr sehen, nur Malte, einer der Ärzte, fährt neben mir. Wir schließen uns einer Gruppe mit etwa 200 Teilnehmenden an. Sie fährt in einem Tempo, das Malte und mir passt, weder zu schnell noch zu langsam. Ein Glücksfall! Genau so eine Gruppe braucht man bei einem Rennen. Weil man in einer Gruppe die meiste Zeit im Windschatten fährt, kann man ein schnelleres Tempo durchhalten. Plötzlich ist auch Daniel wieder neben uns.

Irgendwann während des Rennens sind Daniel und ich sogar für ein paar Minuten an der Spitze dieser Gruppe. Es ist ein cooles Gefühl, mit hohem Tempo eine große Gruppe anzuführen.

Meine Sorgen, zu langsam zu sein, stellen sich als unberechtigt heraus. Wir liegen in den vorderen 50 Prozent der Amateure. Im Schnitt sind wir mit einer Geschwindigkeit von 37 Kilometern pro Stunde gefahren! Und ich dachte, ich schaffe keine 30 km/h. Der Startpunkt des Rennens ist auch das Ziel, der große Platz vor dem Hamburger Rathaus. Ich feiere direkt mit einem alkoholfreien Bier.

Am Abend gehen wir zusammen essen. Das erste Mal seit Januar trinke ich richtiges Bier, insgesamt werden es drei über den Abend verteilt. Wir haben riesigen Spaß, wir feiern, tauschen Erinnerungen aus und lachen uns gemeinsam kaputt.

Wer Pläne dogmatisch verfolgt, mag jetzt die Nase rümpfen, dass ich an dem Abend nicht auf Bier verzichtet habe. Aber ich breche gern einmal meine Regeln, wenn es das wert ist. Beziehungen aufzubauen und zu pflegen, gemeinsam Erinnerungen schaffen, an die man noch Jahre später gern zurückdenkt, erscheint mir um Längen wichtiger als das starre Festhalten an einer Regel. Selbstverständlich benötigen solche schönen Momente kein Bier – aber an diesem Abend rundete es für *mich* das Erlebnis ab. Aus Longevity-Sicht bin ich überzeugt, dass eine so positive Erfahrung wie dieses Radrennen und dieser Abend viel mehr auf meine Gesundheit einzahlen, als ein paar Bier Schaden anrichten können. Wichtig ist, dass es eine Ausnahme bleibt. Ein Abend mit Bier ist eine Ausnahme, zwei Abende wären der Beginn einer neuen Gewohnheit.

### Das gute Gefühl, ausgepowert zu sein

Noch vor ein paar Monaten hatte ich vergessen, wie positiv regelmäßiger Sport sich auf mein Befinden auswirkt. Jetzt trainiere ich vier- bis fünfmal pro Woche. Zweimal Krafttraining, zwei- bis dreimal Ausdauer, und will es nicht mehr missen.

Zahlreiche Studien haben den Zusammenhang zwischen Sport und mentaler Gesundheit untersucht. Wer Sport treibt, ist zufriedener mit seinem Leben, selbstbewusster und leidet seltener unter Stress, Depressionen und Angststörungen.

Es ist schade, dass es uns die moderne Lebensweise so leicht macht, sich kaum zu bewegen. Schon für kleinste Strecken stehen Auto oder der ÖPNV bereit. Wer in einem Bürojob arbeitet, sitzt Stunde um Stunde. Körper und Geist können darüber vergessen, wie heilsam Bewegung ist. Sich morgens das Fahrrad zu schnappen oder abends die Laufschuhe, kostet deshalb erst einmal Überwindung.

Ich wünsche mir mehr gesellschaftliche Initiativen, die darauf ausgerichtet sind, Menschen wieder in Bewegung zu bringen – am besten vom Kindesalter an. Warum zum Beispiel müssen Kinder in der Schule den größten Teil der Zeit sitzen?

Für mich ist nun klar: Auf das Gefühl, nach einem Training im positiven Sinn ausgepowert zu sein, möchte ich nicht mehr verzichten. Außerdem hilft der Sport mir bei meinem weiterhin nicht optimalen Schlaf. Wissenschaftlich gut untersucht ist, dass das Einschlafen nach einer Sportsession schneller gelingt und darauf mehr Zeit in der Tiefschlafphase folgt. Auch braucht der Forschung zufolge niemand Angst zu haben, durch abendliches moderates Training so aufgedreht zu sein, dass er oder sie länger wach liegt. Ich lege meinen Sport trotzdem lieber in die Morgenstunden oder spätestens auf den frühen Nachmittag, aber das hängt natürlich von den eigenen Vorlieben ab und wann man sich die Zeit freiräumen kann.

Mein Sportprogramm kann ich nicht in jeder einzelnen Woche konsequent durchziehen, und das ist okay. Denn die Jokerregel halte ich eisern ein: An einem Tag kann Sport ausfallen, aber nie an zwei Tagen hintereinander.

So simpel diese Regel klingt, so bahnbrechend ist sie für mich. Sie gibt mir den nötigen Freiraum, wenn Sport partout nicht in den Tag passt, und schafft gleichzeitig die Verbindlichkeit, die ich brauche, um dranzubleiben. Ade, Quitter's Day.

## Wie ich es schaffe, gern Sport zu treiben

1. Ich habe mit dem Radfahren einen Sport gefunden, der mir viel Spaß macht. Wer noch auf der Suche ist, dem rate ich: unbedingt viel ausprobieren!
2. Besser wenig als gar nicht: Gerade in den ersten Wochen und Monaten habe ich mir bewusst nicht zu viel vorgenommen. Wichtig ist, dass der Sport zur Gewohnheit wird, um nicht vor jedem Training mit dem inneren Schweinehund verhandeln zu müssen.
3. Motivationstrigger schaffen: Etwas zu finden, was mich zuverlässig motiviert, war der Schlüssel, um das Krafttraining regelmäßig durchzuziehen. Bei mir sind es Podcasts, für andere mag es Musik sein, das gemeinsame Training mit Freunden, Bewegung in der Natur, das anschließende Wellness-Programm oder etwas ganz anderes.
4. Gemeinsam macht es doppelt Spaß: Ich trainiere oft zusammen mit Freunden.
5. Ein Hoch auf die Jokerregel! Es gibt Gründe, weshalb ein geplantes Training mal ausfallen muss. Das ist okay. Wichtig ist, darauf zu achten, es nicht zweimal hintereinander sausen zu lassen.

## GESUND UND LECKER ESSEN: SO FINDE ICH DEN RICHTIGEN KOMPROMISS

Ich verrate jetzt ein gut gehütetes Geheimnis, das wir Ärztinnen und Ärzte eigentlich nie ausplaudern: Es ist gesund, mehr Gemüse und weniger Fast Food zu essen. Scherz beiseite, das haben wohl alle von uns schon ebenso oft gehört, wie sie es dann anschließend nicht beherzigt haben.

Mir gelingt es auch nicht immer, eine gute Pizza stehen zu lassen. Ich esse einfach gern und ich mag es, neue Speisen auszuprobieren. Mein Leben lang habe ich immer wieder mit meinem Gewicht gekämpft. Neben dem guten Vorsatz, mehr Sport zu treiben, habe ich mir zum Jahreswechsel regelmäßig vorgenommen, mich vernünftiger zu ernähren.

Was kann ich dieses Mal anders machen, um dieses Vorhaben dauerhaft umzusetzen? Ich will mit derselben Einstellung an dieses Thema herangehen, wie an den Sport – es soll mir Freude bereiten, weil ich weiß, dass das der Schlüssel zum Erfolg ist. Eine Longevity-Methode scheidet deshalb von vornherein aus, egal wie interessant die Forschung dazu sein mag. Ich rede von der sogenannten Kalorienreduktion, bei der die Energiezufuhr um rund 30 Prozent gesenkt wird. Im Labor leben Würmer, Mäuse oder Ratten auf diese Weise deutlich länger. In einer Studie mit gut 200 Menschen versuchte sich die Hälfte für zwei Jahre an einer Kalorienreduktion. 25 Prozent waren angepeilt, im Schnitt erreichten sie eine um zwölf Prozent geringere Energiezufuhr. Laut bestimmten Messwerten hatte die Dauerdiät zwar einen eher kleinen, aber dennoch bedeutsamen Effekt auf das Altern.

Ich kenne niemanden, der eine Diät länger durchgehalten hat. Mit anhaltendem Hunger durch den Tag zu gehen, ist ja eine Qual. Es stimmt schon: Zwischen maximaler Freude im Moment und einer der Gesundheit förderlichen Lebensweise muss ich Kompromisse eingehen. Das wird mir beim Essen am meisten bewusst. Ich fürchte, die Veränderung wird mir am schwersten fallen, obwohl das gar nicht meine größte Baustelle ist.

### Ein guter Ansatz: Intervallfasten

Welche Methoden der Ernährungsumstellung gibt es noch? Ich kenne immer mehr Menschen, die auf Intervallfasten schwören. Es verspricht positive Effekte mit nur einer einzigen Umstellung, nämlich die Zeit, in der gegessen werden darf, zu begrenzen. Eine Variante ist 16:8, das bedeutet, zwischen der letzten Mahlzeit des Vortages und der ersten des neuen Tages müssen mindestens 16 Stunden liegen. Nur Wasser, ungesüßter Tee oder Kaffee sind in dieser Essenspause erlaubt. In den folgenden acht Stunden darf dann ohne Einschränkungen gegessen werden. Manche Menschen setzen auch auf 5:2 – an fünf Tagen pro Woche essen sie normal, an zwei Tagen fasten sie.

Ich will erst einmal entspannt anfangen und nehme mir vor, das Abendessen spätestens um 19 Uhr zu beenden, um eine lange Pause bis zu meinem späten Frühstück zu haben. Zudem will ich abends nur Mahlzeiten zu mir nehmen, die keine oder nur wenige Kohlenhydrate enthalten. Doch bevor ich damit beginne, beschäftige ich mich genauer mit dem Thema. Denn was passiert eigentlich beim Intervallfasten?

Der Körper gerät in den 16 Stunden beziehungsweise zwei Tagen Essenspause in eine Hungerphase. Um weiterhin Energie zur Verfügung zu haben, beginnt er, Fettreserven abzubauen. Gleichzeitig wird die sogenannte Autophagie angeregt. Das Wort setzt sich zusammen aus »auto«, also »selbst« und »phagein«, was »essen« bedeutet. Was sich bei diesem Prozess in Teilen selbst verzehrt, sind die Körperzellen. Sie bauen beschädigte Bestandteile ab und recyceln sie. Man kann es sich wie die Müllabfuhr und den Recyclinghof vorstellen, ohne die eine Gesellschaft ziemlich aufgeschmissen wäre. Autophagie findet ständig irgendwo im Körper statt. Fasten ist eine der Möglichkeiten, um sie gezielt anzukurbeln. Bewegung ebenso. An einer gut laufenden Autophagie sollte man interessiert sein, denn ist sie gestört, steigt das Risiko für Parkinson, Diabetes Typ 2 und weitere Krankheiten.

In Tierversuchen hat sich gezeigt, dass Würmer und Fliegen mit einer gestörten Autophagie früher sterben. Sogar bei Hefe sinkt die Lebensspanne, wenn dieser Prozess nicht gut läuft. Auf der anderen Seite waren zum Beispiel Fliegen und Mäuse mit einer gestärkten Autophagie länger gesund und langlebiger als ihre Artgenossen.

Im Jahr 2016 wurde der japanische Zellbiologe Yoshinori Ohsumi für seine Forschung zur Autophagie mit dem Medizin-Nobelpreis geehrt. Seitdem ist ein richtiger Hype um sie entstanden.

Eine gestörte Autophagie zählt zu den zwölf Kennzeichen des Alterns. Mit den Jahren wird die Autophagie schlechter, was das Altern wiederum beschleunigt. Was passiert, wenn Müllabfuhr und Recycling nicht mehr zuverlässig arbeiten, kann man sich bildlich vorstellen. In Körperzellen beschleunigt es den Verlust der sogenannten Proteostase. Um zu erklären, was das ist, muss ich ein wenig ausholen. Proteine – umgangssprachlich Eiweiße – sind eine der großen Gruppen von Grundbausteinen des Körpers. Sie stecken als Baustoff in Zellmembranen, leiten als Botenstoffe Signale weiter, steuern als Enzyme chemische Reaktionen und tun vieles mehr. Proteine sind komplexe, große Moleküle. Wenn die Zelle neue Proteine herstellt, gibt es den wichtigen Moment der Faltung, in dem ein Protein seine dreidimensionale Form annimmt. Dabei können Fehler passieren. Durch eine falsche Faltung kann das Protein nutzlos werden oder sogar stören. Einen Fehler beim Falten kann man sich zum Beispiel so vorstellen, als würde man bei einem Rollkragenpulli aus Versehen das obere Ende des Kragens zunähen. Seinen Zweck wird so ein Pullover nie erfüllen.

Proteostase, manchmal auch Proteinhomöostase genannt, bedeutet, dass die Proteine in den Zellen in der passenden Menge hergestellt, richtig gefaltet und, wenn nötig, wieder abgebaut werden. Beim Abbau kommt die Autophagie ins Spiel, wobei die Proteostase auch noch an anderen Stellen aus dem Gleichgewicht geraten kann. Störungen der Proteostase werden unter anderem mit neurodegenerativen Krankheiten wie Alzheimer und Parkinson in Verbindung gebracht.

Es gibt Tierversuche, in denen man die Autophagie mithilfe von Medikamenten oder Nährstoffen gefördert hat. Doch aktuell reicht das Wissen darüber nicht aus, um diese bei Menschen einzusetzen. Denn es ist, wie so oft, kompliziert. Der Prozess läuft nicht in allen Geweben gleichmäßig ab, ihn zu stark anzukurbeln, kann sich daher auch negativ auswirken. Medikamente müssten ein Feintuning schaffen, das wir noch gar nicht überblicken. Ich halte es für besser, auf die Effekte von Bewegung und Hungerphasen beim Intervallfasten zu setzen.

## Warum ich versuche, einen Regenbogen zu essen

Mich interessieren die Substanzen in unserem Essen, die aktuell im Hinblick auf unsere Gesundheit erforscht werden. Da wäre zum Beispiel Spermidin, ein kleines Molekül, das sich in allen Organismen findet, von Bakterien über Pflanzen bis zu Tieren und Menschen. In Tierversuchen hielt Spermidin das Herz-Kreislauf-System und das Gehirn gesund und senkte das Krebsrisiko. Leider sinkt mit dem Alter die Menge an Spermidin im Körpergewebe.

Wir nehmen Spermidin in unterschiedlichen Mengen beim Essen zu uns. Studien, in denen die Aufnahme von Menschen erhoben wurde, zeigten: Wer viel Spermidin aß, hatte ein geringeres Risiko, während des Studienzeitraums zu sterben. In einer Studie mit gut 800 Teilnehmern war das Sterberisiko des Drittels mit dem höchsten Spermidin-Konsum im Vergleich zu jenem Drittel mit der niedrigsten Aufnahme so verringert, als wären diese Menschen etwa 5,7 Jahre jünger. Fast sechs Jahre von meinem biologischen Alter streichen, das wäre ein super Effekt.

Spermidin steckt in allen pflanzlichen Lebensmitteln. Besonders hoch ist der Gehalt in Weizenkeimen und Sojabohnen, aber auch grüne Bohnen, Erbsen, Spinat, Brokkoli, Haselnüsse und Pistazien sind gute Spermidin-Quellen. Die Menge in Obst ist dagegen eher überschaubar. Auch Fleisch und Fisch liefern Spermidin, rangieren aber abgeschlagen hinter Gemüse, Hülsenfrüchten und Nüssen.

Manche Menschen nehmen Spermidin als Nahrungsergänzungsmittel zu sich, darauf verzichte ich lieber (warum ich bei diesen Produkten wählerisch bin, erzähle ich später).

Weil mich Herausforderungen anspornen, betrachte ich Gemüse und Obst ab jetzt als Challenge. Gewonnen habe ich, wenn ich möglichst viele verschiedene Pflanzenfarben zu mir nehme. Die Idee, bunt zu essen, habe nicht ich erfunden. Es gibt schon länger den Ratschlag, wöchentlich oder sogar täglich einen »Regenbogen zu essen«. Der Hintergrund: Die Farben in Gemüse und Obst stammen von sogenannten sekundären Pflanzenstoffen, die in vielfacher Hinsicht gesund sind. Hinter dem Begriff verbirgt sich eine Unmenge verschiedener Substanzen, etwa 100 000 sekundäre Pflanzenstoffe sind bekannt. In der Nahrung kommen schätzungsweise 5000 bis 10 000 davon vor. Am Tag isst man ungefähr 1,5 Gramm davon. Das klingt nach wenig, dennoch können sie die Gesundheit fördern. Unterschiedliche Farben bedeuten unterschiedliche Stoffe, daher steht bunt für gesund.

Ich schreibe deshalb mindestens zweimal pro Woche einen bunten Salat mit möglichst vielen Farben auf meinen Speiseplan: grüner Salat, Paprika und Tomaten, Avocado, Sellerie, fermentiertes Gemüse. Als Topping kommt eine Mischung aus Nüssen und Körnern drauf.

Bei der Vielfalt der sekundären Pflanzenstoffe überrascht es nicht, dass ihre Wirkungen und Wechselwirkungen im Körper bei Weitem nicht abschließend erforscht sind. Man kann aber durchaus etwas über die Gruppen sagen, in die sie eingeteilt werden. Etwa dass Carotinoide, die Pflanzen gelb, orange oder rot färben, in Laborexperimenten entzündungshemmend wirken und in Studien mit einem verringerten Risiko für Herz-Kreislauf-Krankheiten und altersbedingte Augenerkrankungen in Verbindung standen.

Weil die gesundheitsfördernde Wirkung von sekundären Pflanzenstoffen früh erkannt wurde, setzte man auch früh darauf, einzelne Substanzen als Nahrungsergänzungsmittel zu vermarkten. Dass das allerdings im schlimmsten Fall das Leben verkürzen kann, zeigten zwei Studien Mitte der 1990er-Jahre. Menschen mit einem erhöhten Lungenkrebsrisiko – starke Raucher sowie Leute, die mit Asbest gearbeitet hatten – nahmen mehrere Jahre lang täglich eine hohe Dosis Betacarotin oder ein wirkstofffreies Placebo. Die Hoffnung war, das Betacarotin würde die Menschen vor dem Krebs schützen. Das Gegenteil war der Fall: Es erhöhte das Risiko, an Lungenkrebs zu erkranken und frühzeitig zu sterben.

Nimmt man Betacarotin und andere sekundäre Pflanzenstoffe mit dem Essen zu sich, hat das den praktischen Nebeneffekt, dass man sie nicht überdosieren kann. Und achtet man gleichzeitig auf die Regenbogen-Empfehlung, isst man garantiert eine gesunde Mischung.

Eine weitere Essensregel, die ich beherzigen will, lautet: Iss vor allem frisch Zubereitetes. Um Fertigprodukte mache ich daher ab jetzt einen Bogen. Um es mir leichter zu machen, kommen eine Reihe von Lebensmitteln nun gar nicht mehr ins Haus. Eiscreme, Chips, Schokolade, Alkohol – noch vor Kurzem war das alles immer da und ich habe zugegriffen. Wenn ich nicht schlafen konnte, bin ich sogar öfter nachts aufgestanden, in die Küche gegangen und habe angefangen, Süßigkeiten oder andere Snacks zu vertilgen. Ich denke, einer der einfachsten Tricks für eine bessere Ernährung ist, beim Einkaufen diszipliniert zu sein. Denn was den Weg ins Haus findet, wird auch gegessen.

### Ab jetzt meide ich Zucker

Noch ein wichtiger Aspekt in meinem neuen Ernährungsplan: Ab jetzt verzichte ich so gut es geht auf Zucker. Mit Zucker gesüßte Getränke zum Beispiel rühre ich nicht mehr an.

In vielen Ländern gibt es inzwischen eine Steuer auf mit Zucker gesüßte Softdrinks, um den Konsum zu reduzieren und die Hersteller dazu zu bringen, Rezepturen mit geringerem Zuckergehalt zu entwickeln. Gezuckerte Softdrinks böten keinerlei Vorteile in Hinsicht auf Nährstoffe und seien weder ein notwendiger noch ein wünschenswerter Bestandteil der Ernährung, lautet das Urteil der Weltgesundheitsorganisation WHO zu Limonaden, Energydrinks und ähnlichen Produkten.

Wem eine größere Ernährungsumstellung schwerfällt und wer daher erst einmal nur mit einer Veränderung beginnen will, dem würde ich empfehlen, zunächst gesüßte Getränke durch zuckerfreie Alternativen zu ersetzen.

Durch häufigeres Messen kann ich genau einschätzen, was meinen Blutzucker in die Höhe treibt: Wenn ich zum Beispiel morgens zum Frühstück als Erstes ein Glas Orangensaft trinke, steigt er extrem an. Beginne ich mit einem eiweißhaltigen Snack und trinke den Saft danach, verläuft der Anstieg flacher. Das fällt mir auch zu anderen Zeitpunkten auf: Sobald ich auf nüchternen Magen etwas Süßes oder Kohlenhydratreiches zu mir nehme, folgt ein massiver Anstieg des Blutzuckers. Mit diesem Wissen schaue ich, dass ich möglichst erst etwas Eiweißreiches esse, bevor ich Kohlenhydrate konsumiere. Das geht ohne Verzicht! Wenn ich etwa im Restaurant Pasta wähle, bestelle ich als Vorspeise Tomate-Mozzarella oder etwas Ähnliches. Für gesunde Menschen ist es zwar unproblematisch, wenn der Blutzuckerspiegel kurz in die Höhe schnellt. Ich habe allerdings das Gefühl, dass ich solche Anstiege spüre, deshalb vermeide ich sie lieber.

**Mit Eiweiß Muskeln aufbauen**

Ich habe bereits erwähnt, dass Bewegung hilft, den altersbedingten Muskelabbau zu verzögern. Damit mein Körper es mit meinem neu gestarteten Sportprogramm schafft, darüber hinaus wieder Muskeln aufzubauen, muss ich genug Eiweiß zu mir nehmen. Denn das liefert die Bausubstanz für neue Muskeln.

Ich setze mir 1,5 Gramm pro Kilo Körpergewicht als Richtwert. Die Deutsche Gesellschaft für Ernährung empfiehlt lediglich 0,8 Gramm pro Kilo für Erwachsene unter 65 Jahren, für Ältere sollte es ein Gramm sein. Sie stellt auch klar, dass Menschen, die in der Woche vier- bis fünfmal eine halbe Stunde Sport treiben, nicht mehr Protein benötigen.

Die Internationale Gesellschaft der Sporternährung rät ambitionierten Sportlerinnen und Sportlern zu einer höheren Proteinmenge, und zwar 1,4 bis 2 Gramm Protein pro Kilogramm Körpergewicht. Sie empfiehlt zusätzlich, diese über mehrere Mahlzeiten verteilt zuzuführen. Beides setze ich um, um meinen Muskelaufbau optimal zu fördern.

Normalerweise nehmen Menschen in Europa mehr als genug

Protein auf. Laut der Europäischen Behörde für Lebensmittelsicherheit liegt der durchschnittliche Verzehr zwischen 67 und 114 Gramm pro Tag bei Männern. Frauen essen im Schnitt täglich 59 bis 102 Gramm Protein.

Als ich den Alterstest einschickte, wog ich knapp 100 Kilogramm. Inzwischen sind es etwas weniger als 90. Um auf meinen täglichen Proteinbedarf zu kommen, nehme ich gut 130 Gramm Protein zu mir. Nach der Angabe der DGE würden etwas mehr als 70 Gramm ausreichen.

Protein findet sich in tierischen und pflanzlichen Lebensmitteln. Fleisch enthält besonders viel: Mit 150 Gramm gegarter Hühnerbrust nimmt man gut 45 Gramm Protein zu sich. 150 Gramm Tofu haben immerhin um die 24 Gramm. Da ist man also schon auf einem guten Weg. Daneben sind Hülsenfrüchte, Haferflocken, Nüsse und Milchprodukte gute Proteinlieferanten.

Oft wird der größte Teil des täglichen Proteins in einer Mahlzeit aufgenommen, zum Mittag oder beim Abendessen. Studien zeigen aber, dass Muskeln besser wachsen, wenn man das Protein gleichmäßig auf drei bis vier Mahlzeiten aufteilt. So kann es der Körper besser aufnehmen und verarbeiten.

Bei mir sind es in der Regel vier Portionen am Tag. Weil ich die gewünschte Menge meist nicht schaffen würde, trinke ich morgens Mandelmilch, in die ich Whey Protein, das ist Molkeneiweiß, rühre.

### Mein Mix für das Mikrobiom

Ein Thema, an dem niemand vorbeikommt, der sich für Longevity interessiert, ist das Mikrobiom. Jeden Morgen esse ich zwei Esslöffel der Körner- und Nussmischung, die ich auch als Salattopping nutze. Sie besteht aus Leinsamen, Rote-Linsen-Flocken, Traubenkernen, Chiasamen, Sonnenblumenkernen, Kürbiskernen, gepufftem Quinoa sowie gehackten Mandeln, Walnüssen und Haselnüssen. Dieser Mix ist gut fürs Mikrobiom.

Natürlich wusste ich als Arzt schon vorher um die Bedeutung des Mikrobioms, als Dermatologe habe ich mich allerdings weniger mit den Mikroorganismen des Darms beschäftigt, sondern eher mit denen, die auf der Haut leben.

Dass im Darm eine riesige Zahl von Mikroorganismen siedelt, dürfte niemanden mehr überraschen. Vor allem sind es Bakterien, dazu gesellen sich Pilze, Viren und Archaeen. Letztere sind ebenso wie Bakterien einzellige Organismen, die bis zu zehn Prozent des menschlichen Mikrobioms stellen können. Über ihren Einfluss auf die Gesundheit weiß man jedoch noch sehr wenig.

Grob überschlagen leben auf dem und im menschlichen Körper etwa so viele Bakterien, wie ein Mensch Zellen hat – gut 30 Billionen. Weil die Mikroorganismen aber sehr klein sind, bringen sie alle zusammen nur etwa 200 Gramm auf die Waage.

Bakterien siedeln auf der Haut, schwimmen im Speichel, sitzen im Zahnstein, sie bevölkern Magen und Dünndarm. Vor allem aber leben sie im Dickdarm. Die Gemeinschaft der dortigen Bakterien, das Mikrobiom, beeinflusst wichtige Stoffwechselprozesse sowie Immun- und Nervensystem.

Schätzungsweise 2000 verschiedene Bakterienarten finden sich im menschlichen Darm. In der richtigen Zusammensetzung leisten diese winzigen Mitbewohner nicht nur bei der Verdauung wertvolle Dienste, sie wirken auch auf die Arbeit der Körperabwehr und kommunizieren mit dem Gehirn. Wie groß ihr Einfluss ist und was er alles umfasst, ist noch längst nicht geklärt. Das Immunsystem muss im Darm Höchstleistungen vollbringen. Auf der einen Seite muss es die hilfreichen Mikroorganismen in Ruhe lassen und lauter Fremdstoffe – die Nahrung – in den Körper lassen. Auf der anderen Seite soll es schädliche Bakterien und andere Krankheitserreger zuverlässig ausschalten. Wenn mit dem Alter die Fitness des Immunsystems schwindet, kann das dazu führen, dass sich schädlichere Mikroben im Darm ausbreiten. Und andersherum scheint ein aus dem Gleichgewicht geratenes Mikrobiom Entzündungsprozesse zu fördern.

Wachsen Mäuse in einer sterilen Umgebung auf, sodass in ihrem Darm kein Mikrobiom entsteht, entwickeln sich wichtige Immunzellen im Gehirn, Mikroglia genannt, nicht richtig. Auch ein zeitweises Ausschalten der Darmflora beeinträchtigt die Immunzellen. Lässt man zu, dass die steril aufgezogenen Mäuse später eine Darmflora entwickeln, verbessert das den Zustand der Mikrogliazellen.

Das Mikrobiom ist alles andere als statisch. Wir beeinflussen es stark durch unseren Lebensstil, etwa dadurch, wie viel Sport wir treiben und wie wir uns ernähren. Auch Medikamente können das Mikrobiom verändern. Leider führt der Lebensstil in den reichen Nationen mit viel hochverarbeiteter Nahrung offenbar dazu, dass das Mikrobiom an Vielfalt einbüßt.

Und auch das Alter ist hier wieder ein entscheidender Faktor, die Vielfalt der Darmbakterien nimmt mit dem Alter meist ab. Die sogenannte Dysbiose, eine krankhafte Veränderung des Mikrobioms, zählt zu den zwölf Kennzeichen des Alterns.

Mein Plan für ein längeres Leben konzentriert sich ja nicht nur auf klassische Gesundheitsmaßnahmen wie Sport und Ernährung, sondern auch auf das menschliche Miteinander. Da ist es besonders schön zu hören, dass auch soziale Kontakte das Mikrobiom formen. Denn bei Körperkontakt tauschen wir unweigerlich Mikroben aus. Wissenschaftler stellten fest, dass Paare, die zusammenleben, eine vielfältigere Darmflora haben als Singles, und dass sich ihr Mikrobiom stärker ähnelte als etwa das von Verwandten.

Dass verheiratete Menschen länger leben, ist schon lange bekannt. Vielleicht hängt es zumindest ein bisschen mit dem Mikrobiom zusammen?

Warum sich das Mikrobiom mit dem Alter ändert, versteht die Wissenschaft noch nicht gut. In Experimenten mit Fruchtfliegen – auch die haben ein Mikrobiom! – zeigte sich allerdings, dass dessen Veränderung einsetzt, bevor die sogenannte Darmbarriere schwächelt und das Inflammaging, die altersbedinge chronische Entzündung, einsetzt. Fliegen, deren Mikrobiom man so beeinflusste, dass es für die Tiere optimal blieb, alterten langsamer.

Bei Mäusen haben Forschende bereits mit Stuhltransplantationen experimentiert, um das Altern zu verzögern oder zu beschleunigen. Dabei zeigte sich: Transplantierte man Stuhl, also Teile des Mikrobioms, junger Mäuse in den Darm älterer Artgenossen, gingen bei diesen typische Alterskennzeichen zurück. Erhielten dagegen junge Mäuse Stuhl von alten Nagern, hatten die Tiere einen Altersschub. Ihre Darmbarriere wurde durchlässiger, sodass mehr bakterielle Produkte in den Blutkreislauf gelangten. Auch setzten bei den Tieren Entzündungsprozesse im Gehirn ein und ein für das Sehen wichtiges Protein wurde in geringem Maße produziert. Man geht davon aus, dass bestimmte Abbauprodukte der Bakterien, kurzkettige Fettsäuren, als Botschafter des Mikrobioms hin zu den Hirnzellen dienen.

Die vielen Experimente liefern gute Hinweise, wie wichtig ein vielfältiges Mikrobiom für uns Menschen ist, auch wenn wir von verjüngenden Stuhltransplantationen noch entfernt sind.

Dass das Mikrobiom mit Alterskrankheiten zusammenhängt, zeigte 2024 eine Studie von Kieler Forschenden. Der Arbeit zufolge hatte sich das Mikrobiom bei Patientinnen und Patienten in einem frühen Alzheimer-Stadium bereits verändert, sowohl das im Darm als auch das im Mundraum.

Im Herbst 2024 lasse ich mein Mikrobiom untersuchen. Mein Interesse an vielen Tests gewinnt meist die Überhand, selbst wenn Fachleute abwinken. So rät etwa die Deutsche Gesellschaft für Gastroenterologie von Mikrobiomtests ab. Weil im Detail unklar ist, wie ein gesundes Mikrobiom aussieht und welche individuellen Abweichungen nur auffällig sind und welche schädlich, haben die Ergebnisse wenig Aussagekraft, so die Kritik. Spätestens, wenn einem das Testlabor anschließend das scheinbar passende Nahrungsergänzungsmittel verkaufen will, ist Skepsis angesagt.

Ich will deshalb gar nicht auf die vielen Details der Untersuchung eingehen und schon gar nicht allen Menschen zu einem Mikrobiomtest raten. Nur ein Ergebnis sei hier genannt: Bei mir finden sich auffällig viele Streptokokken im Darm. Zu dieser Bakteriengattung zählen unter anderem mehrere Krankheitserreger. Streptococcus mutans ist das Bakterium, das am stärksten mit der Entstehung von Karies zusammenhängt und eigentlich im Mundraum lebt. Allerdings kommt es vor, dass Bakterien von Mund und Rachen ausgehend den Darm besiedeln. Eine schwedische Studie aus dem Jahr 2023 konnte zeigen, dass Menschen, in deren Darm eine erhöhte Zahl von Streptokokken und anderen Bakterien des Mundraums siedelt, ein erhöhtes Risiko für Arterienverkalkung haben und sich diese Bakterien in arteriosklerotischen Plaques finden lassen. Noch ist nicht abschließend geklärt, welche Rolle sie bei der Gefäßerkrankung spielen. Denkbar ist allerdings, dass sie die chronische Entzündung durch ihre Anwesenheit verstärken.

Um die Streptokokken aus meinem Darm zu vertreiben, nehme ich eine Zeitlang Antibiotika und ergänze meine Zahnreinigungsroutine um eine antibakterielle Mundspülung, um den Streptokokken dort keine weitere Chance zu geben.

Mein Darmmikrobiom päppele ich, indem ich täglich die eingangs erwähnte Körnermischung esse. Sie ist präbiotisch, das heißt, sie liefert den Darmbakterien die Nährstoffe, die sie brauchen, um zu gedeihen und sich vermehren.

Als Präbiotika bezeichnet man für den Menschen unverdauliche Nahrungsbestandteile, die den Bakterien aber als gutes Futter dienen. Dazu zählen etwa Inulin und Oligofruktose. Mit Gemüse, Obst, Hülsenfrüchten und Nüssen nimmt man Präbiotika zu sich. Weil ich davon jetzt deutlich mehr esse, bin ich zuversichtlich, dass es nun wieder besser um meine Darmbakterien steht.

Die Begriffe klingen ähnlich, meinen aber etwas anderes: Neben *prä*biotischen Lebensmitteln gibt es auch *pro*biotische. Letztere enthalten lebende Bakterien, die positiv auf die Gesundheit des Darms wirken. Joghurt, Sauerkraut, Kimchi, Kefir und Skyr sind Beispiele für Probiotika.

Meine Jokerregel vom Sport wende ich in ähnlicher Form beim Essen an: An einem Tag darf ich eine Ausnahme machen. Ja, manchmal sitze ich mit Freunden in einem Restaurant und esse keinen Regenbogen, sondern ein Käsefondue. Statt mir und allen anderen den Spaß zu verderben, esse ich lieber an einem schönen Abend mit Genuss. Aber nie an zwei Tagen hintereinander. Diese Regel brauche ich, damit ich nicht wieder in ein ungesünderes Essverhalten rutsche.

## Übergewicht – eine chronische Krankheit

Bevor ich den Alterstest machte, war ich zwar nicht adipös, aber in der Nähe. Das heißt, ich hatte ein paar mehr Fettpolster, als mir lieb war. Kein Wunder, weil ich mich meist ungesund ernährte, abends immer Bier trank und sogar nachts aß, wenn ich nicht schlafen konnte und plötzlich Heißhungerattacken hatte. Und Sport trieb ich ja auch kaum.

Medizinisch wird Normal- und Übergewicht meist durch den sogenannten Body-Mass-Index angegeben, kurz BMI. Dessen

Formel lautet: Das Gewicht in Kilogramm wird geteilt durch die Körpergröße in Metern zum Quadrat. Bei Erwachsenen gilt der Bereich von 18,5 bis 24,9 als Normalgewicht. Ab einem Wert von 25 gilt man als übergewichtig. Bei 30 beginnt die sogenannte Adipositas. Genau genommen meint Adipositas allerdings ein Übermaß an Körperfett, der BMI ist lediglich ein relativ einfach zu handhabender Messwert.

Laut einer Studie aus den Jahren 2019 und 2020 sind in Deutschland mehr als die Hälfte der Erwachsenen übergewichtig, Männer häufiger als Frauen, und rund jeder fünfte Erwachsene hat Adipositas.

Neben einer genetischen Veranlagung und einigen Erkrankungen bestimmt vor allem der Lebensstil über das Gewicht. Dass Lebensmittel mit hoher Energiedichte nahezu überall verfügbar sind und viele Menschen die meiste Zeit des Tages sitzend verbringen, schafft leider beste Voraussetzungen für zusätzliche Fettpolster.

Dass sich Fettpolster bilden, ist eigentlich eine sinnvolle Maßnahme: Als Menschen noch Hungerphasen erlebten, konnte es überlebenswichtig sein, in Zeiten des Überflusses rasch einen internen Vorrat anzulegen, von dem man später zehren konnte. Heutzutage, wo wir, zumindest in den Industrienationen, so im Überfluss leben, müssen wir uns selbst durch Maßnahmen wie etwa das Intervallfasten disziplinieren, um den Körper auch einmal in eine Hungerphase zu bringen. Adipositas erhöht das Risiko für zahlreiche Krankheiten. So ist etwa die Gefahr eines Schlaganfalls oder einer koronaren Herzerkrankung um das Zwei- bis Dreifache erhöht, wenn der BMI bei 30 oder höher liegt. Die Gefahr von Diabetes Typ 2, Schlafapnoe oder einer Fettleber ist sogar um mehr als das Dreifache erhöht. Weil starkes Übergewicht oft mit Bluthochdruck, erhöhten Blutzucker- und Blutfettwerten einhergeht, spricht man bei dieser Kombination vom metabolischen Syndrom.

Im Jahr 2000 erklärte die Weltgesundheitsorganisation WHO, Adipositas sei eine chronische Krankheit – also mehr als ein Risikofaktor, der die Gefahr anderer Krankheiten erhöht. Diese Definition ist allerdings bis heute umstritten.

Die Sache mit dem BMI und der Adipositas ist etwas kompliziert. Er funktioniert nicht für jeden Menschen, vor allem, weil er nichts darüber aussagt, welche Mengen Fett oder Muskeln ein Mensch hat und wie sich diese am Körper verteilen. Ein Extrembeispiel: Wenn Bodybuilder ihren BMI ausrechnen, gelten sie als übergewichtig oder adipös.

Zudem gibt es Menschen mit Übergewicht, die einen gesunden Stoffwechsel haben, sie leiden weder unter Diabetes noch unter Fettstoffwechselstörungen oder Bluthochdruck. Ihre Krankheitsrisiken sind, wenn man dies genauer untersucht, weniger stark erhöht als bei Übergewichtigen, deren Stoffwechsel gestört ist. Inwieweit diese Menschen gesundheitlich profitieren, wenn sie abnehmen, ist nicht besonders gut untersucht. Ebenso gibt es normalgewichtige Menschen, die dennoch ein erhöhtes Risiko für Stoffwechsel- und Herz-Kreislauf-Krankheiten haben beziehungsweise bereits darunter leiden. Und sie können wohl von den Maßnahmen profitieren, die man bei Übergewicht empfiehlt.

Im Februar 2025 schlug eine internationale Forschungskommission vor, Adipositas genauer zu definieren. Als Erstes wollten sie zwischen präklinischer und klinischer Adipositas unterscheiden. Klinische Adipositas ist demnach eine chronische, systemische Krankheit, die durch ein Übermaß von Fett ausgelöst wird und bei der sich die Funktionen von Geweben, Organen oder des gesamten Körpers verändern. Sie kann zu schweren Organschäden und lebensgefährlichen Komplikationen wie Schlaganfall, Herzinfarkt und Nierenversagen führen. Präklinische Adipositas ist dadurch gekennzeichnet, dass Gewebe und Organe trotz des

Übermaßes an Fett noch normal arbeiten, jedoch ein erhöhtes Risiko für klinische Adipositas und andere Krankheiten vorliegt.

Die Kommission regte an, den BMI allein nur noch für die Diagnose von Adipositas zu verwenden, wenn er über 40 liegt. Das ist zum Beispiel der Fall, wenn jemand 1,70 Meter groß ist und 116 Kilo wiegt. Ansonsten sollte die Diagnose beispielsweise durch eine Messung des Körperfetts gesichert werden. Möglich wäre auch, den Taillenumfang, das Verhältnis von Taillen- und Hüftumfang oder den Taillenumfang und die Körpergröße zu messen.

Der Blick auf den Taillenumfang ist deshalb hilfreich, weil es eine Rolle spielt, wo der Körper Fett ablagert: Menschen, die aufgrund ihrer genetischen Veranlagung Fett kaum am Po und an den Oberschenkeln ablagern, sondern vor allem am Bauch, haben ein erhöhtes Risiko, eine Herz-Kreislauf-Krankheit zu entwickeln. Dem sogenannten viszeralen Fett, also dem Fettgewebe im Bauchraum, gebührt offenbar eine besonders destruktive Rolle: Es produziert in größerem Maße Botenstoffe, mit denen es in den Stoffwechsel eingreift.

Eine klinische Adipositas würde nach der vorgeschlagenen Definition zudem nur dann diagnostiziert, wenn erwiesen wäre, dass ein Organ oder Gewebe bereits in Mitleidenschaft gezogen wurde oder wenn Einschränkungen im Alltag aufgrund des Gewichts vorliegen. Bis diese Empfehlung – möglicherweise mit einigen Änderungen – im medizinischen Alltag ankommt, kann jedoch noch etwas Zeit vergehen.

## Altern und Übergewicht hängen zusammen

Doch so oder so ist klar, dass Übergewicht und Altern miteinander verknüpft sind. Wer übergewichtig ist, hat ein erhöhtes Risiko, Krankheiten zu entwickeln, die mit den Kennzeichen des Alterns zusammenhängen. Das zeigte ein Forscherteam 2024, indem es die Daten einer halben Million Menschen aus einer britischen Langzeitstudie sowie von gut 80000 aus zwei finnischen Studiengruppen analysierte.

Mehrere der Kennzeichen des Alterns wie etwa das Abschmelzen der Telomere habe ich schon vorgestellt. Wissenschaftlich hat man diverse Krankheiten, die vor allem im Alter auftreten, mit einem oder mehreren dieser Kennzeichen verknüpft. So führt etwa eine Zunahme von Erbgutmutationen, die sogenannte genomische Instabilität, zu einem erhöhten Risiko von Brust- oder Darmkrebs. Mit dem Verlust der Proteostase geht unter anderem ein höheres Risiko für Diabetes Typ 2 einher. Wenn die Kraftwerke der Zellen, die Mitochondrien, nicht mehr effektiv arbeiten, steigt die Gefahr eines chronischen Nierenversagens. Und das sind nur einige Beispiele. In der Studie schauten die Wissenschaftlerinnen und Wissenschaftler auf insgesamt 83 Krankheiten. Bei mehr als der Hälfte dieser Krankheiten ließ sich ein Zusammenhang mit Übergewicht mit nachweisen: Wer adipös war, also einen BMI von mindestens 30 hatte, hatte ein deutlich höheres Risiko, während des Studienzeitraums an einem oder mehreren dieser Leiden zu erkranken. Unter anderem ermittelten die Forscher, in welchem Alter 30 Prozent der britischen Teilnehmenden eine erste Krankheit entwickelt hatten. In der Gruppe der Normalgewichtigen war das mit 62 Jahren der Fall. Bei den stark Übergewichtigen passierte es bereits mit 57 Jahren.

Andere bekannte Risikofaktoren, die die Kennzeichen des Alterns beeinflussen, wie Rauchen, Alkoholkonsum, Bewegungsmangel, ungesundes Essverhalten und Depression, zeigten in der Studie allesamt einen geringeren Einfluss auf diese Krankheiten als das starke Übergewicht.

Es gibt sogar Fachleute, die sagen, dass die Stoffwechselfehlsteuerung, die mit Adipositas einhergeht, erstaunlich den Prozessen ähneln, die im Alter vor sich gehen. Übergewicht gilt demnach als einer der Beschleuniger des Alterns.

Ich weiß, es ist schwierig und man muss mit Rückschlägen rechnen, aber Übergewicht zu reduzieren und sich gesünder zu ernähren, lohnt sich einfach.

Meine wenigen Essensregeln führten, kombiniert mit dem Sportprogramm, dazu, dass ich bisher rund zehn Kilo abgenommen habe. Ich bin mir sicher, dass ich noch einiges mehr an Fett verloren habe, denn gleichzeitig habe ich ja Muskelmasse aufgebaut.

### Meine Top-Essenstipps

1. Einen Regenbogen essen, zum Beispiel zweimal pro Woche einen Salat mit möglichst vielen bunten Zutaten, gern auch kombiniert mit Nüssen.
2. Wasser und ungesüßte Getränke trinken, das erspart dem Körper jede Menge Zucker.
3. Auf ausreichend Eiweiß achten (0,8 Gramm pro Kilo für Erwachsene unter 65 Jahren, ein Gramm pro Kilo ab 65 Jahre, für Sportlerinnen und Sportler: 1,4 bis 2 Gramm).
4. So selten wie möglich hochverarbeitete Lebensmittel konsumieren.
5. Keine Gelegenheiten schaffen: Süßigkeiten und Knabberkram gar nicht erst ins Haus oder an den Arbeitsplatz kommen lassen.
6. Jokerregel: Mal an einem Tag über die Stränge zu schlagen, ist okay, aber nicht an zwei Tagen hintereinander.

## NAHRUNGSERGÄNZUNGSMITTEL: HÖCHSTENS DAS I-TÜPFELCHEN

Vitamintabletten, Mineralstoffkapseln, Proteinpulver, Pillen mit Pflanzenstoffen – Nahrungsergänzungsmittel sind ein riesiger Markt. In einer Krankenkassenumfrage aus dem Jahr 2024 gab gut die Hälfte der Befragten an, regelmäßig Nahrungsergänzungsmittel zu nehmen, Frauen häufiger als Männer, Jüngere öfter als Ältere.

Wer anfängt, sich mit Longevity auseinanderzusetzen, begegnet unweigerlich diversen Supplements, die versprechen, einen Beitrag zum gesunden Älterwerden zu leisten. Dazu kommen Medikamente, die eigentlich gegen bestimmte Krankheiten eingesetzt werden, aber denen man inzwischen ebenfalls eine Wirkung auf die Langlebigkeit nachsagt.

Der wohl am heißesten diskutierte Kandidat ist seit einigen Jahren Rapamycin. In Tierversuchen konnte Rapamycin das Leben von Mäusen und weiblichen Fruchtfliegen verlängern. Rapamycin blockiert im Körper ein Enzym namens mTOR. Dieses hat eine Schlüsselfunktion in den Zellen, es beeinflusst entscheidend ihr Wachstum. Eine Fehlsteuerung von mTOR steht daher mit diversen Krankheiten und der Alterung in Verbindung.

Wenn der Körper beim Intervallfasten in eine Hungerphase übergeht und die Autophagie einsetzt, liegt das daran, dass mTOR beim Mangel von Nährstoffen gehemmt wird, wodurch Zellen vom Wachstumsmodus auf Autophagie umschalten. Rapamycin – und das macht es für die Longevity-Community so interessant – kann mTOR ebenfalls hemmen. Man fastet, ohne zu fasten!

Es mag also naheliegend klingen, diese Substanz einzunehmen, um die gesundheitsfördernden Folgen des Fastens leichter zu erreichen. Die bisherigen Studien zu Anti-Aging-Effekten bei

Menschen durch Einnahme von Rapamycin sind zwar interessant, aber noch nicht an dem Punkt, dass sich diese empfiehlt.

In der Medizin wird die Substanz heutzutage unter anderem eingesetzt, um nach einer Organtransplantation die Abstoßung eines Spenderorgans zu verhindern, weil Rapamycin das Immunsystem schwächt. Auch in der Krebstherapie kommt es zum Einsatz. In höherer Dosierung kann Rapamycin starke Nebenwirkungen mit sich bringen, unter anderem wird man wegen der Schwächung der Körperabwehr anfälliger für Infekte.

Ich habe die Substanz für kurze Zeit ausprobiert. Einen Effekt habe ich sofort gemessen: Meine Herzfrequenz stieg. Ein schnellerer Herzschlag steht auf der Liste der möglichen Nebenwirkungen, wenn man Rapamycin als Medikament erhält. Da dieser bei mir ohnehin schon etwas höher ist, setzte ich es wieder ab.

Eine Zeitlang habe ich Metformin genommen. Der Wirkstoff wird seit Jahrzehnten in der Therapie von Diabetes Typ 2 eingesetzt. Das Mittel ist in der Regel gut verträglich. In Tierexperimenten konnte Metformin das Leben verlängern und Alterskrankheiten vorbeugen, daher gibt es großes Interesse in der Longevity-Forschung an diesem Wirkstoff. Die Ergebnisse einer Studie mit 3000 älteren Menschen zur möglichen Schutzwirkung von Metformin gegen das Altern werden jedoch erst in ein paar Jahren erscheinen.

Ich hatte das Gefühl, dass meine Ausdauer vom Metformin beeinträchtigt wird, deshalb habe ich auch das wieder abgesetzt.

Neben Substanzen wie Rapamycin und Metformin, die als Medikamente verschreibungspflichtig sind, gibt es eine Fülle von Nahrungsergänzungsmitteln, die mit mehr oder weniger guten Belegen als Hilfen zur Langlebigkeit angepriesen werden.

## Kreatin

Ich nehme ein paar ausgewählte Präparate, und zwar solche, die auf meine Situation abgestimmt sind. Allen voran Kreatin. Diese Substanz ist am Energiestoffwechsel der Muskulatur beteiligt, fast das gesamte Kreatin im Körper befindet sich in den Muskeln. Der Körper kann Kreatin selbst herstellen, unter einem Mangel leiden gesunde Menschen nicht. Die Extradosis Kreatin kann jedoch laut Sportwissenschaftlern helfen, die eigene Leistung zu steigern. Bei intensiver Belastung leeren sich die Kreatinspeicher in den Muskeln, sind sie durch ein Kreatin-Supplement gut gefüllt, hat man länger Zugang zu schnell verfügbarer Energie.

Es gibt gute Hinweise, dass Kreatin helfen kann, dem altersbedingten Muskelabbau entgegenzuwirken. Studien haben gezeigt, dass ältere Menschen, die Krafttraining machen und Kreatin nehmen, mehr Muskeln aufbauen und Kraft entwickeln als bei der Einnahme eines wirkstofffreien Placebos. Nahmen ältere Teilnehmer nur Kreatin oder ein Placebo ein und verzichteten auf das Krafttraining, zeigten sich in Studien eher durchwachsene Ergebnisse. Das Supplement allein reicht eben nicht!

Die Kombination von Kreatin und Krafttraining führte in Studien zudem dazu, dass Teilnehmende im Alter von Mitte fünfzig bis Ende sechzig in einigen Tests besser abschnitten, die als Hinweis dienen, ob man ein erhöhtes Sturzrisiko hat. Auch wenn es nicht direkt untersucht wurde, lässt sich daraus wohl ableiten, dass ein mit Kreatin ergänztes Sportprogramm noch besser darin ist, einen vor Stürzen im Alter zu bewahren. Kreatin gilt als gut verträglich. Es ist ja wichtig, dass Nahrungsergänzungsmittel einem nicht schaden. Bei Kreatin muss man sich als gesunder Mensch keine Sorgen machen. Wer an einer Nierenkrankheit leidet, sollte bei Kreatin – wie bei allen Nahrungsergänzungsmitteln und Medikamenten – genauer hinschauen.

Die Internationale Gesellschaft für Sporternährung zählt in einem Positionspapier zu Kreatin auf, dass es unter anderem wissenschaftliche Hinweise dazu gibt, dass Kreatin helfen könnte, die Blutfettwerte zu senken und Fettansammlungen in der Leber zu verhindern, als Antioxidans dient, die Blutzuckerregulierung positiv beeinflusst und das Denkvermögen verbessert. Eine beeindruckende Liste, selbst wenn nicht alles davon zutreffen sollte.

Ich nehme am Tag drei Gramm Kreatin, morgens mit dem ersten Proteinshake. Empfohlen werden meist zwischen zwei und fünf Gramm pro Tag.

## Omega-3-Fettsäuren

Zusätzlich nehme ich Omega-3-Fettsäuren, genauer gesagt, ein Präparat mit Eicosapentaensäure (EPA) und Docosahexaensäure (DHA). Omega-3-Fettsäuren sind für zahlreiche Prozesse im Körper wichtig, unter anderem dienen sie als Baustein für die Zellmembranen und wirken Entzündungen entgegen. Unser Körper kann Omega-3-Fettsäuren grundsätzlich nicht selbst herstellen, er ist lediglich in der Lage, EPA und DHA aus einer anderen Omega-3-Fettsäure, der Alpha-Linolensäure, zu bilden.

Wir müssen Omega-3-Fettsäuren daher über die Nahrung zu uns nehmen. Besonders gute Quellen sind fette Seefische wie Makrelen oder Lachs. Zudem sind einige Öle, etwa Leinöl und Rapsöl, reich an diesen Fettsäuren.

Es gab einen echten Hype um Omega-3-Fettsäuren. Große Studien lieferten zuletzt aber nicht nur überzeugende Ergebnisse für diese Nahrungsergänzungsmittel. Eine erhöhte Aufnahme von Omega-3-Fettsäuren kann zu Vorhofflimmern führen, das sich unter anderem durch Herzstolpern, Schwindel und Schwächegefühle bemerkbar machen kann.

Daneben gibt es Untersuchungen, die zu positiven Ergebnissen kommen. Aufgemerkt habe ich zum Beispiel bei einer 2025 veröffentlichten Studie, bei der knapp 800 Teilnehmende entweder Omega-3-Fettsäuren einnahmen oder Vitamin D oder ein Sportprogramm absolvierten. Oder sie kombinierten alles miteinander. Im Abstand von rund drei Jahren wurde ihr biologisches Alter mit verschiedenen epigenetischen Tests ermittelt. Das Ergebnis: Die Einnahme von einem Gramm Omega-3-Fettsäuren (DHA und EPA) hatte für sich allein einen Effekt auf das biologische Alter. Kamen Vitamin D und Sport dazu, wurde dieser größer. In den drei Jahren ließ sich das biologische Altern um etwa drei, vier Monate verringern.

Eine große Auswertung von Studien kam 2020 zum Schluss, dass Omega-3-Fettsäuren das Risiko leicht senken, an einer koronaren Herzerkrankung zu sterben. Man kann sich dennoch weiterhin streiten, ob die Einnahme von Omega-3-Fettsäuren für gesunde Menschen nötig ist. Was für alle Nahrungsergänzungsmittel gilt, gilt auch hier: am besten mit Hausärztin oder -arzt darüber sprechen. So lassen sich mögliche Wechselwirkungen mit anderen Medikamenten abklären.

### Vitamin D

Vitamin D erwähnte ich schon. Unser Körper kann es selbst bilden, wenn ihn genug UV-B-Strahlung, also Sonnenlicht, erreicht. In den Wintermonaten reicht die Kraft der Sonne in Deutschland allerdings nicht aus, um die Vitamin-D-Produktion zu starten. Man sollte daher im Herbst einen gut gefüllten Speicher haben.

Das Vitamin beeinflusst unter anderem das Immunsystem und kann wohl chronischen Entzündungen im Alter, sprich, dem Inflammaging, entgegenwirken. Eine Studienauswertung kam zu dem Schluss, dass die tägliche Einnahme einer geringen Vitamin-D-Menge sogar das Risiko senkt, an Krebs zu sterben.

Von selbst ernannten Fachleuten wird manchmal die Einnahme extrem hoher Vitamin-D-Dosen propagiert, dies jedoch kann zu ernsthaften Nebenwirkungen führen. Das Bundesinstitut für Risikobewertung empfiehlt, dass man Präparate mit einer Tagesdosis von bis zu 20 Mikrogramm beziehungsweise 800 Internationalen Einheiten (IE) wählt. Die Europäische Behörde für Lebensmittelsicherheit, Efsa, nennt 4000 IE als zulässige Höchstmenge pro Tag.

Anders sieht es aus, wenn jemand einen nachgewiesenen Vitamin-D-Mangel hat. Dann können in Absprache mit Ärztin oder Arzt deutlich höhere Mengen genommen werden. Im Alter sinkt die Fähigkeit des Körpers, Vitamin D selbst zu bilden, was die Gefahr eines Mangels erhöht.

Die Studienlage zu Vitamin-D-Präparaten ist nicht eindeutig. Mit Sicherheit lässt sich nur sagen: Einen Mangel zu beheben, fördert die Gesundheit. Ob aber eine Vitamin-D-Einnahme bei grundsätzlich optimalen Werten einen Mehrwert hat, ist unklar.

## Worauf ich bewusst verzichte

Auf andere vermeintliche Longevity-Präparate verzichte ich.

Curcumin, dem Hauptwirkstoff des gelben Gewürzes Kurkuma, wird zwar nachgesagt, er könne vor Demenz und Krebs schützen, Gelenkschmerzen lindern, die Stimmung aufhellen und noch einiges mehr. Schaut man genauer auf die Datenlage, ist das alles aber mehr als fraglich, daher reicht es mir, Kurkuma als Gewürz zu nutzen.

Dass Taurin als Mittel für ein längeres Leben propagiert wird, hat mich zunächst überrascht. Ich kannte es nur als Zusatz in Energydrinks. Experimente mit Mäusen und Rhesusaffen zeigten allerdings, dass mit dem Alter die Menge von Taurin im Körper abnimmt – und eine Gabe der Substanz sämtliche Kennzeichen des Alterns beeinflusst, wie Forschende 2023 schreiben. Mäuse, deren

Nahrung sie im Labor mit Taurin versetzten, lebten gut zehn Prozent länger als ihre Artgenossen mit normalem Futter. Sie waren außerdem kräftiger und hatten ein besseres Gedächtnis.

Auch bei Menschen nimmt die Menge des im Körper zirkulierenden Taurins mit dem Alter deutlich ab, und sie kann durch Ausdauertraining erhöht werden. Was bisher fehlt, sind größere Studien, in denen geklärt wird, ob die Einnahme von Taurin gegen verschiedene Alterskrankheiten bei Menschen hilft oder womöglich das Altern verzögert. Ebenso müsste man klären, welche Dosierungen sinnvoll sein könnten. Das warte ich lieber ab.

Auch die Datenlage zu NMN und NAD reicht mir nicht aus, um diese Nahrungsergänzungsmittel zu nehmen. NMN ist die Abkürzung für Nicotinamidmononukleotid, im Körper kann es zu NAD (Nicotinamidadenindinukleotid) umgewandelt werden. Dies spielt eine Rolle bei der Energiegewinnung in den Mitochondrien. Man weiß, dass die Menge dieser Substanzen im Alter sinkt, auch deshalb wird erforscht, ob eine zusätzliche Einnahme helfen kann, länger gesund zu bleiben. In Experimenten mit Mäusen wirkte NMN dem altersbedingten körperlichen Abbau und verschiedenen Alterskrankheiten der Tiere entgegen. Bislang gibt es aber relativ wenige und meist nur recht kleine Studien mit menschlichen Teilnehmenden, die zwar zum Schluss kommen, dass die Einnahme sicher ist, aber noch keine klare Aussage liefern, ob man sich davon mehr gesunde Zeit erhoffen kann.

Schon lange diskutiert wird über Resveratrol, das als Antioxidans oxidativem Stress entgegenwirken kann und darüber hinaus verschiedenste Stoffwechselwege positiv beeinflussen soll. Die Substanz ist in Weintrauben und insbesondere in Rotwein zu finden. Studien, die Resveratrol allerlei heilende und verjüngende Wirkung zusprechen, beziehen sich bisher entweder auf Zellexperimente oder Tierversuche.

Mir ist in den vergangenen Monaten wieder einmal bewusst geworden, dass es bei den wirklich wichtigen Themen im Leben keine Abkürzungen gibt. Man kann durch ein paar Pillen keine ungesunde Ernährung kompensieren, keine Vitaminkapsel ersetzt ein Sportprogramm und keine Tablette senkt den chronischen Stress. Ich denke, der Absatz dieser Produkte läuft so gut, weil sie Menschen suggerieren, sie würden etwas für ihre Gesundheit tun, während sie einfach weiter so ungesund leben wie zuvor.

Ich möchte lieber bewusst etwas verändern. Die Basis für ein erfülltes Leben sind ein gesunder Körper und ein friedvoller Geist. Die erreicht niemand über Abkürzungen, das braucht Aufmerksamkeit, Arbeit und Zeit.

# DER KILLER VON NEBENAN: ALKOHOL

Wie alle Menschen in Deutschland bin ich umgeben von zwei legalen Suchtmitteln aufgewachsen: Alkohol und Zigaretten. Beide sind verantwortlich für unzählige verlorene oder in schwerer Krankheit verbrachte Lebensjahre. Wie ungesund Zigaretten sind, ist sicher bei allen angekommen. Erfreulicherweise fangen Jugendliche heute seltener mit dem Rauchen an, es gilt offensichtlich nicht mehr als so cool wie in meiner Jugend. Und längst darf in Büros, Restaurants, Bahnen, Flugzeugen nicht mehr geraucht werden.

Alkohol ist dagegen nahezu überall verfügbar. Warum ist das eigentlich so?

Wer abends in meinem Restaurant essen geht, hat nicht nur die Wahl zwischen vier und sechs Gängen – sowie drei Extragängen, die man austauschen oder dazunehmen kann –, sondern auch zwischen einer nicht-alkoholischen Getränkebegleitung und einer Weinbegleitung. Das habe ich mir so gewünscht. Leider ist das eine Ausnahme in der Spitzengastronomie, die sich zwar ihrer Kreativität rühmt, aber bei Getränken aus meiner Sicht einfallslos immer wieder bei Wein landet.

Ich selbst habe bis zum Januar 2024 wie gesagt jeden Abend Bier getrunken, drei bis vier Liter waren es zuletzt. Auf sie zu verzichten, fiel mir nach dem harten Schlaftablettenentzug zwar leicht (ich war definitiv abhängig von den Medikamenten, bin aber kein Alkoholiker), doch ich mache mir da nichts vor: Das habe ich nicht einer besonderen inneren Stärke zu verdanken, das hat auch mit Glück zu tun. Ob jemand alkoholabhängig wird, hängt zu einem relevanten Teil von den Genen ab. Ein Risikofaktor ist tatsächlich, wenn man Alkohol besonders gut verträgt. Das leuchtet ja auch ein: Wer andere unter den Tisch trinken kann und am nächsten

Tag nicht von einem Kater geplagt wird, nimmt eher mehr Alkohol zu sich, und die größere Menge wiederum erhöht das Risiko, süchtig zu werden.

Einer meiner Vorteile ist, dass ich mir aus den meisten alkoholischen Getränken nie etwas gemacht habe. Ich bin kein Weinkenner. Da ich keine Party an Silvester feiere, brauche ich weder Sekt noch Champagner. Hochprozentiges schmeckte mir noch nie. Ich bin deshalb beim Bier geblieben und nie auf etwas Härteres umgestiegen. Damit habe ich mich nie in einen Rausch trinken können. Möglicherweise hat mich also mein Geschmackssinn vor Schlimmerem bewahrt.

Seit ich keinen Alkohol mehr trinke, wird mir bewusst, welchen Platz er ganz selbstverständlich in unserer Gesellschaft einnimmt. So passiert es zum Beispiel, dass jemand ein Bier für mich mitbestellt, ohne dass ich darum gebeten hätte. Oder ich sitze in einer größeren Runde mit Freundinnen und Freunden nett zusammen und alle, wirklich alle, außer mir trinken etwas Alkoholisches.

Von verschiedenen Frauen habe ich gehört, wie sie sofort gefragt wurden, ob sie schwanger seien – nur weil sie einmal an einem Abend Saft statt Wein getrunken haben. Was sagt das über unsere Gesellschaft aus? Alkoholkonsum wird als so als normal angesehen, dass man sich rechtfertigen muss, wenn man ausschert. Sollte es nicht andersherum sein? Der Alkohol die Ausnahme, für die es mindestens einen besonderen Anlass braucht?

### Am besten null Promille!

Im Schnitt trinkt jeder Deutsche laut dem »Jahrbuch Sucht 2025« im Jahr rund 88 Liter Bier, 19 Liter Wein, 3 Liter Schaumwein und 5 Liter Spirituosen. Ja, das alles zusammen, pro Kopf und Jahr. Und zwar obwohl der durchschnittliche Konsum in Deutschland seit vielen Jahren sinkt. Die Menge bezieht sich übrigens auf die

Gesamtbevölkerung ab 15 Jahren, also inklusive der Kinder, die für gewöhnlich gar keinen Alkohol trinken. Der tatsächliche Konsum unter Erwachsenen ist also noch höher.

Laut Weltgesundheitsorganisation liegen sieben der zehn Länder mit dem höchsten Alkoholkonsum in der Europäischen Union. Die Schweiz ist in den Top 30 dieser unrühmlichen Liste. Unter den Erwachsenen in Deutschland im Alter von 18 bis 64 Jahren haben laut einer Studie von 2019 rund drei Millionen eine alkoholbezogene Störung.

Erst im August 2024 veränderte die Deutsche Gesellschaft für Ernährung ihr Positionspapier zu Alkohol. Es hat jetzt eine klare Botschaft: am besten null Promille. Zuvor hatte gegolten, dass Männer nicht mehr als 20 Gramm reinen Alkohol pro Tag trinken sollten, das entspricht etwa einem halben Liter Bier. Bei Frauen galten 10 Gramm als Grenze. Die Empfehlung ist nicht mehr zeitgemäß. Denn es gebe »keine potenziell gesundheitsfördernde und sichere Alkoholmenge für einen unbedenklichen Konsum«, so die DGE. Bis 27 Gramm Alkohol pro Woche sieht die DGE allerdings als »risikoarmen« Konsum an.

Dass die neue Empfehlung nicht jedem gefällt, ist klar. Die Deutsche Weinakademie motzte, Bürgern würde vor jedem Glas Wein Angst gemacht, und stellte Kompetenz und Neutralität der DGE infrage. Die DGE steht indes nicht allein da, die Weltgesundheitsorganisation und diverse nationale Gremien hatten ihre Empfehlung schon vorher geändert und betont, dass es keine sichere Alkoholdosis gibt.

Gerade Rotwein wurden oft gesundheitliche Vorteile zuschrieben, etwa hieß es, dass ein moderater Konsum das Risiko für Diabetes Typ 2 verringere. Die Substanzen, die dafür verantwortlich sein sollen, sind Polyphenole, eine Gruppe sekundärer Pflanzenstoffe, allen voran das auch als Nahrungsergänzungsmittel vertriebene Resveratrol. Doch ich bezweifle, dass es die negativen Effekte des Alkohols im Wein wettmacht.

Alkohol ist ein Zellgift. Man schätzt, dass mehr als 40 000 Menschen in Deutschland pro Jahr an den Folgen ihres Alkoholkonsums sterben. Alkoholkonsum kann die Leber dauerhaft schädigen. Er erhöht die Gefahr, an Krebs zu erkranken, das ist für mehrere Krebsarten gut belegt, darunter Brustkrebs. Die Internationale Agentur für Krebsforschung (IARC) stuft Alkohol als gesichert krebserregend ein. Die beliebte Erzählung, ein Glas Wein am Abend sei gesund, stimmt einfach nicht.

Eine 2022 veröffentlichte Studie zeigte einen Zusammenhang zwischen Alkoholkonsum und Altern: Bei jungen Erwachsenen, die mehr Alkohol tranken oder sich betranken, zeigten sich mehr epigenetische Veränderungen, die mit dem Altern in Verbindung stehen. Dass Alkohol das Gehirn schneller altern lässt, ist auch bekannt. Schon im Schnitt ein, zwei Gläser pro Tag führen dazu, dass die Hirnmasse schneller schrumpft. Alkoholmissbrauch ist der Faktor, der das Risiko einer früh, also vor dem 65. Geburtstag, einsetzenden Demenz am stärksten erhöht. Das ergab eine große französische Studie.

**Kein Alkohol zum Einschlafen**

Dass ich Alkohol getrunken habe, um besser zu schlafen, war eine schlechte Idee. Ein wenig Alkohol lässt Menschen schneller einschlafen und in der ersten Nachthälfte meist noch gut schlafen. Aber in der zweiten Hälfte der Nacht stört er den Schlaf enorm, man kommt in weniger Tiefschlafphasen und wird häufiger wach. Bei meinem Konsum habe ich keine einschlaffördernde Wirkung mehr gemerkt.

Wer Alkohol trinkt, um schlafen zu können, dem kann ich nur Mut zusprechen: Es gibt, wie schon beschrieben, viele gute

Möglichkeiten, um nachts wieder zur Ruhe zu kommen. Wer eine Schlafstörung hat, dem wird es zwar nicht von heute auf morgen gelingen, richtig gut zu schlafen, aber es ist machbar!

Ist die Grenze zur Alkoholsucht überschritten, kann ich als Arzt nur einen Ratschlag geben: sich professionelle Hilfe suchen, egal, wie schwer es einem fällt. Ich bin froh, dass ich das mit mir allein ausmachen konnte und dass mir der Abschied vom Bier sehr leichtfiel, doch das geht nicht bei allen Menschen so reibungslos. Wer größere Mengen Alkohol konsumiert hat und aufhören will, sollte wirklich medizinische Hilfe annehmen, um die körperlichen und psychischen Begleiterscheinungen des Entzugs besser in den Griff zu bekommen. Die gute Nachricht ist, dass es viele Hilfsangebote für Menschen gibt, die vom Alkohol loskommen wollen. Beratungsstellen, Selbsthilfegruppen und Hausärztinnen und -ärzte sind allesamt gute erste Ansprechpartner.

Seit ich meinen Lebensstil auf den Prüfstand gestellt habe, fällt es mir aus einem Grund sehr leicht, keinen Alkohol zu trinken: Wenn ich mich heute abends mit Menschen treffe, will ich mich mit ihnen austauschen, etwas gemeinsam mit ihnen erleben. Mich mit Alkohol zu betäuben, um es weniger bewusst wahrzunehmen, ist doch kontraproduktiv. Dazu kommt für mich, dass ich lieber nach einem schönen Abend gut schlafe und den nächsten Tag mit einer Radtour beginne, anstatt mir vom Alkohol meine Nachtruhe zerstören zu lassen, was mir den gesamten Folgetag vermiest.

Früher war Alkohol für mich auch ein Mittel, um Abende mit Veranstaltungen durchzustehen, an denen ich eigentlich nicht teilnehmen wollte. Man merkt es mir nicht unbedingt an, aber im Grunde bin ich eher ein introvertierter Mensch. Events, auf denen ich mich mit vielen Leuten austauschen musste, haben mich oft angestrengt. Mit Alkohol habe ich mich in diesen Situationen lockerer und entspannter gefühlt. Solche Termine sage ich heute konsequent ab. Ich habe in den vergangenen Monaten gelernt, sehr freundlich Nein zu sagen. Das ist übrigens auch etwas, das ich allen ans Herz legen möchte, die ihr Leben umkrempeln wollen. Weil Veränderungen im eigenen Leben auch andere tangieren, ist ein nettes Nein in manchen Situationen unverzichtbar.

Wer keinen Alkohol trinkt oder gar davon abrät, wird schnell als Spaßbremse betitelt. Aber wie viel Spaß hat man denn wirklich, wenn man ihn nur mithilfe von Alkohol erreichen kann?

Nicht erst seit meinem Weckruf im Januar 2024 gehe ich viele Entscheidungen sehr bewusst an, auch bei kleinen, alltäglichen Fragen. Von einem bewussteren Umgang mit Alkohol könnten viele Menschen profitieren, denke ich. Statt automatisch zu Wein oder Bier zu greifen, lohnt es sich vielleicht, in der jeweiligen Situation einmal zu reflektieren: Warum muss es jetzt Alkohol sein?

Ich hoffe, dass der »Dry January«, der inzwischen jedes Jahr ausgerufen wird, dazu beiträgt, dass mehr Menschen merken, wie viel besser es ihnen ohne Alkohol geht. Und dass mehr Restaurants sich Gedanken machen, was sie statt Wein zum Essen ausschenken können.

## DER LONGEVITY-HACK DER FINNEN: SAUNA

Im Dezember 2024 fliege ich zu einem Reiseziel, das auf meiner Bucket List weit oben steht: Lappland! Ich besuche eine Rentierfarm – die Tiere sind wirklich knuffig. Und mit einem lokalen Guide erlebe ich einen Sonnenaufgang auf einem Berggipfel. Niemand außer uns ist dort. Nadelbäume biegen sich unter der Schneelast und als die Sonne aufgeht, färbt sich alles orange und rot. Die Szenerie ist atemberaubend. Allein diese Momente sind die Reise wert.

ich will etwas über den Langlebigkeits-Hack der Finnen lernen: die Sauna. In finnischen Saunen liegt die Temperatur meist zwischen 80 und 100 Grad Celsius. Die Luft ist sehr trocken, es sei denn, es gab gerade einen Aufguss. Je nach Konstitution dauert ein Saunagang etwa 5 bis 20 Minuten. Danach kühlt man sich üblicherweise ab: unter der Dusche, in einem kalten Becken oder im Schnee.

Die hohe Temperatur regt den Sympathikus an, den Fluchtnerv. Dann schlägt das Herz schneller, die Durchblutung der Muskeln erhöht sich, der Schweiß fließt, die Nebenniere schüttet Adrenalin aus. Die Sauna hat dadurch ähnliche Effekte auf den Körper wie Sport.

Wenn wir in die Sauna gehen, produzieren unsere Körperzellen sogenannte Hitzeschockproteine. Diese schützen andere Proteine der Zellen davor, von der Hitze Schaden zu nehmen, und Botenstoffe sorgen dafür, dass Entzündungsprozesse zurückgehen.

Wenig überraschend haben die Finnen wissenschaftlich gut untersucht, wie stark Saunagänge das Herz-Kreislauf-System schützen. Eine Studie mit mehr als 2000 finnischen Männern zeigte, dass das Risiko, während des Untersuchungszeitraums von gut zwanzig Jahren an einer Herz-Kreislauf-Erkrankung zu sterben, bei regelmäßigen Saunagängern drastisch verringert war, dies galt ebenso für die Gefahr, an anderen Leiden zu sterben. Eine andere Studie mit rund 1700 Frauen und Männern kam zum selben Ergebnis.

In beiden Studien gaben die Teilnehmenden an, ob sie einmal, zwei- bis dreimal oder noch öfter pro Woche saunierten. In den befragten Gruppen gab es so wenige Menschen, die sagten, sie würden gar nicht in die Sauna gehen, dass leider nur ein Vergleich der Saunafrequenz möglich war und keiner zwischen Saunagängern und Nicht-Saunagängern.

Das Risiko, infolge einer Herz-Kreislauf-Erkrankung zu sterben, war bei denen, die zwei- bis dreimal pro Woche saunierten, um rund 20 bis 30 Prozent gesenkt gegenüber jenen, die einmal wöchentlich die Sauna aufsuchten. Und in der Gruppe, die am meisten saunierte, war es noch geringer. Allerdings kann diese Art von Studie nicht zweifelsfrei beweisen, dass die Saunagänge allein die Unterschiede erklären.

Weil ich ein erhöhtes Risiko für Herz-Kreislauf-Leiden habe und zudem weiß, was ein Saunagang im Körper bewirkt, überzeugen mich dieser Studienergebnisse aber.

## Im eiskalten See bereue ich nur eines

Vor Ort komme ich mit einem Taxifahrer in Gespräch. Mika verrät mir, in welche Sauna die Einheimischen am liebsten gehen. Sie gehört zu einem Hotel, das an einen See grenzt. Dort darf man auch saunieren, wenn man kein Hotelgast ist. Im Winter wird ein Loch ins Eis des Sees geschlagen und eine Leiter angebracht. Zwischen den Saunagängen kühlt man sich draußen im Wasser ab, statt unter die Dusche zu gehen. Mika rät mir noch, dabei Socken anzuziehen, weil ich sonst auf dem Boden oder der Leiter festfrieren könnte.

Ich probiere die Sauna natürlich aus. Als es soweit ist, in den See zu steigen, muss ich mich überwinden. Vor kaltem Wasser habe ich großen Respekt. Und ein finnischer See im Winter ist eine andere Liga als ein Tauchbecken. Meine Prothese werde ich abnehmen müssen. Auf einem Fuß eine eiskalte Leiter runter und dann wieder hochzusteigen – will ich das wirklich? Ich warte auf den richtigen Augenblick, bevor ich in den See steige, damit jemand da ist, der mich im Notfall retten kann.

Als ich ins Wasser gehe, bereue nur eines: Neben einer Socke hätte ich auch Handschuhe anziehen sollen, damit meine Finger nicht an der eisigen Leiter kleben bleiben. Doch das schwächt die Kraft dieses Erlebnisses nicht. Ich spüre förmlich, wie mein Körper Endorphine ausschüttet, als mich das eiskalte Wasser umschließt.

Wieder zu Hause gönne ich mir zum Jahreswechsel eine Saunakabine. Drei- bis viermal pro Woche sitze ich nun in meiner Minisauna und schwitze bei 90 Grad für knapp 20 Minuten, ehe ich mich abkühle. Meist gehe ich nach dem morgendlichen Ausdauertraining in die Sauna. In der Wärme entspannen sich die Muskeln, eine Massage mit Franzbranntwein verstärkt das noch. Seit ich nach dem Sport in die Sauna gehe, habe ich praktisch keinen Muskelkater mehr. Selbst nach einem fordernden Training vor einem Wettkampf, bei dem ich 150 Kilometer an einem Tag gefahren bin, bin ich am nächsten Morgen ohne Muskelkater aufgewacht.

Abends gehe ich oft in die Sauna, um runterzukommen, häufig begleitet von Amy oder Alma, die sich vor die Tür setzen und auf mich warten. Diese Momente der Ruhe nutze ich, um den Tag Revue passieren zu lassen. Sobald ich mich nach dem Saunagang abgekühlt habe, gehe ich ins Bett. Die Sauna und die kalte Dusche treiben zwar die Herzfrequenz in die Höhe, doch anschließend schlafe ich meist wunderbar ein.

Seit dem Sommer 2023 habe ich einen Überblick über meine Herzfrequenzvariabilität. Damals war sie deutlich zu niedrig, weil mein Fluchtnerv, der Sympathikus, durch den Dauerstress viel zu sehr dominierte. Dank Sport, Stressreduktion und Sauna liegt sie jetzt sogar in einem überdurchschnittlich hohen Bereich. Und mein Schlaf verbessert sich durchs Saunieren noch einmal spürbar.

# SÄULE 2

# PERSÖNLICHE ENTWICKLUNG

## MIT MEHR SELBSTREFLEXION ZIELE ERREICHEN: MEIN MEETING MIT MIR SELBST

Noch im Januar 2024 schreibe ich mir einen neuen Termin in meinen Kalender: mein Meeting mit mir selbst. Jeden Freitagabend will ich mir mindestens eine Stunde Zeit nehmen, in der ich mir die zurückliegende Woche mit Blick auf die drei großen Bereiche – Gesundheit, persönliche Entwicklung, Beziehungen – anschaue. Was ist gut gelaufen? Wo habe ich Fortschritte erzielt? Was habe ich ungern getan? Was kann ich konkret ändern?

Meiner Erfahrung nach schalten Menschen insbesondere in stressigen Phasen oft auf Autopilot. Statt darüber nachzudenken, warum sie etwas gerade tun, werden bloß Dinge abgearbeitet. So es ist mir auch ergangen. Die Forschung bestätigt: Gestresste Menschen treffen schlechtere Entscheidungen. Sogar gestresste Mäuse benehmen sich weniger gewitzt als ihre entspannten Artgenossen.

Indem ich mir mit diesem bewusst gesetzten Termin ausreichend Freiraum und Ruhe nehme, will ich stressfrei meine Entscheidungen im Laufe der Woche reflektieren. Das Meeting mit mir selbst kann eine Stunde oder sogar länger dauern. Welche Themen in so einem Wochenmeeting auf den Tisch kommen, ist natürlich komplett individuell und von Woche zu Woche verschieden.

In den vergangenen Jahren waren schätzungsweise 50 Prozent meiner Tätigkeiten solche, die ich mir nicht bewusst ausgesucht habe, sondern die eben zu erledigen waren. Wenn ich jetzt darüber nachdenke, wird mir klar, dass vieles davon in dieser Form nicht notwendig war. Zudem hätte ich einen guten Teil davon delegieren können. Rückblickend habe ich viel Zeit mit Themen verbracht, die mich weder in Bezug auf eine der drei Säulen vorangebracht noch mir Freude bereitet haben. Das will ich ändern.

Mir ist klar, dass ich auf meiner persönlichen Reise zu einem gesünderen und erfüllteren Leben einiges umsetzen kann, was nicht jedem möglich ist. Ich habe heute zeitlich und finanziell große Freiräume. Wer durch Job und Familie eng getaktet ist, kann weniger Zeit für Sport aufwenden als ich; und auch beruflich kürzerzutreten muss man sich leisten können. Ich bin allerdings überzeugt, dass ein gesünderes, ein besseres Leben in jedem Rahmen machbar ist. Und ein wichtiger Baustein davon ist Selbstreflexion, wie ich sie in meinem wöchentlichen Meeting praktiziere. Die lässt sich bestimmt in fast jeden Alltag integrieren.

Laut einer aktuellen Umfrage nutzen Menschen ab 16 Jahren in Deutschland täglich rund 150 Minuten lang ihr Smartphone. Ältere verbringen weniger Zeit am Handy als Jüngere, aber selbst bei den ab 65-Jährigen sind es gut anderthalb Stunden täglich. Man soll mir also bitte nicht erzählen, für eine Stunde Selbstreflexion in der Woche gebe es keinen Spielraum!

Direkt in meinem ersten Meeting wird mir bewusst, dass ich zu viele Termine mit Pharmavertretern wahrnehme, die mir Neuheiten vorstellen wollen. Ich hatte das Gefühl, ich müsse diese Termine wahrnehmen, weil Ärztinnen und Ärzte das eben tun. Sie gehören in eine Kategorie, die in jedem Leben und in jedem Job vorkommt: Das haben wir schon immer so gemacht!

Doch wenn dies das einzige Argument für etwas ist, gehört es abgeschafft oder modernisiert. In meinem Meeting mit mir selbst nehme ich mir vor, die Treffen mit Pharmareferenten deutlich zu reduzieren. Das zu tun ist leicht: Ich bitte einfach alle, die sich mit mir treffen wollen, mir per Mail mitzuteilen, was es Neues gibt. Falls es mir relevant genug erscheint, vereinbare ich einen Gesprächstermin. Das ist in deutlich weniger als zehn Prozent der Fälle so.

Treffen mit Pharmavertretern zählen nur für einen Bruchteil der Bevölkerung zum Alltag. Aber garantiert hat jeder etwas, das er oder sie schon immer so gemacht hat. Hier lohnt es sich, in Ruhe darüber nachzudenken, ob es andere, bessere Gründe für diese Aktivität gibt, und falls nicht, wie man sie abschafft oder durch was man sie ablöst.

Mein anderes Jobthema sind Mitarbeitergespräche, die ich nicht gern führe. Mir fehlt manchmal die Geduld, die es für ein gutes Gespräch braucht. Als Mensch mit einem starken inneren Antrieb, große Ziele zu verwirklichen, fällt es mir bisweilen schwer zu akzeptieren, dass manchen Beschäftigten diese Motivation abgeht. Das ist weder für mich noch für die Angestellten optimal. Ebenfalls in meinem ersten Wochenmeeting notiere ich mir, dass ich das Thema am Montag, wenn sich die Geschäftsleitung trifft, ansprechen will.

Tatsächlich sind alle in der Geschäftsleitung bereit, etwas mehr Zeit in diese Gespräche zu investieren, um mich an dieser Stelle zu entlasten. Die Situation ändert sich zwar nicht von heute auf morgen, ich führe noch diverse Gespräche, ehe ich sie komplett abgeben kann, ich bin aber schon zufrieden, wenn mir kleine Schritte gelingen. Schritt für Schritt für Schritt lassen sich Situationen verbessern. Wer denkt, alles mit einem einzigen Befreiungsschlag zu schaffen, ist danach nur enttäuscht und schlimmstenfalls entmutigt, falls das misslingt.

Wer schon zu Fuß oder mit dem Fahrrad einen Berggipfel erreicht hat, kennt das Gefühl wahrscheinlich: Blickt man hoch zum Gipfel, erscheint er unendlich weit weg. Würde ich mich bei einer Radtour am Gipfel orientieren, würde mir das vermutlich direkt die Kraft aus den Beinen ziehen. Wenn ich einen Berg hochfahre, konzentriere ich mich daher immer auf ein nahes Ziel: einen Felsbrocken am Wegesrand, ein Straßenschild, die nächste Kurve oder eine andere Landmarke. Habe ich dieses Ziel erreicht, finde ich das nächste. Und so geht es weiter, bis ich tatsächlich ganz oben angekommen bin.

Wer sein Leben grundsätzlich umkrempeln will, so wie ich es gerade tue, ist gut beraten, es schrittweise anzugehen. So lassen sich viele kleine Erfolge feiern, die den Glauben an sich selbst stärken, es schaffen zu können, und die Mut machen, noch weiterzugehen.

### So läuft mein Meeting ab

Wie funktioniert so ein Meeting mit sich selbst, welcher Rahmen ist dafür optimal? Das hängt natürlich von den persönlichen Vorlieben ab. Ich habe für den Termin gern etwas in der Hand, deshalb setze ich mich ganz altmodisch mit Stift und Zettel an meinen Schreibtisch zu Hause. Ich schreibe auf lose Blätter, manchmal zeichne ich, so wie ich auf Sylt mein Drei-Säulen-Konzept zu Papier gebracht habe. Die Zettel hebe ich auf, zusammen ergeben sie eine Art Tagebuch meiner Verjüngungsreise.

In jedem Meeting klopfe ich alle drei großen Bereiche ab, frage mich, wie es um meine Gesundheit, meine Beziehungen und meine persönliche Entwicklung steht. In den ersten Monaten beschäftigt mich vor allem meine Gesundheit. Wie habe ich geschlafen? Was kann ich tun, um besser zur Ruhe zu kommen? Im Frühjahr wird der Sport mein neues großes Thema.

Auch die beruflichen Veränderungen, die ich nach und nach anstrebe, durchdenke ich ganz besonders in dieser Stunde am Freitagabend. Ich frage mich, was mir beruflich Freude bereitet hat, wodurch sich ein klares Bild ergibt, das mich so zwar nicht überrascht, aber verdeutlicht, dass ich etwas ändern sollte. Denn Spaß habe ich vor allem, wenn ich Neues entdecken kann. Zu viel Routine ist nicht mein Ding.

Im Frühjahr stelle ich in meinem Freitagsmeeting fest: Ich brauche viel mehr Zeit für mich. Für mein Sportprogramm, das ich jetzt durchziehen will, aber auch für Reisen, für die ich in den vergangenen Jahren zu wenig Zeit hatte. Ich will noch so viele Orte sehen, dass es mir kaum gelingen kann. Wie viele weitere Sommer ich gesund und fit erleben werde, begleitet mich als Frage, seit ich das Testergebnis kenne. Diese Zahl hallt weiterhin in mir nach: 74 Jahre!

Wer weiß, wie wenig Zeit mir zum Reisen bleibt? Ich will meine Pläne nicht länger aufschieben, das steht fest. Daher muss ich meiner Geschäftsleitung sagen, dass ich nicht in der bisherigen Weise weiterarbeiten möchte – auch wenn mir mulmig vor diesen Gesprächen ist. Mir ist bewusst, dass es viel schwierigere Konstellationen und Themen gibt als diese, trotzdem kostet es mich Überwindung, solche Dinge anzusprechen.

Vielleicht klingt das seltsam, schließlich bin ich der Inhaber der Klinikkette; warum also sollte ich nicht einfach sagen können, was ich will? Aber so funktioniert es im Leben nicht, auch nicht als Chef. Ich frage mich, wie die anderen reagieren werden. Gibt es Leute, die sich zutrauen, meine Aufgaben zu übernehmen? Sollten wir jemanden von außen holen? Was mache ich, wenn wir keine gute Lösung finden? Ich geb's zu: Ich bin besorgt.

In solchen Situationen denke ich gern an eine englische Redewendung, die mich motiviert: »*The magic that you are looking for is in the work you are avoiding.*« Frei übersetzt: Das Glück, das du suchst, liegt in der Arbeit, der du aus dem Weg gehst. Wer jetzt die Augen rollt, weil das aufgeschobene Putzen der Küche sicher keine Magie entfaltet – so verstehe ich den Satz nicht. Ich glaube, er bezieht sich eher auf so etwas wie die schwierigen Gespräche, die ich am liebsten aufschieben würde – ein gutes Beispiel für Arbeit, die zu leisten ist, um das Glück zu erreichen.

## Warum ich über Freundschaften nachdenke

Als ich in meinem Meeting mit mir selbst über Beziehungen als eine der drei tragenden Säulen nachdenke, wird mir bewusst, dass sich das Thema der Pharmavertreter-Termine aufs Private übertragen lässt. Es gibt Menschen, die ich treffe, weil wir das schon immer so gemacht haben und weil ich denke, ich muss höflich sein. Doch insgeheim empfinde ich diese Verabredungen als Zeitverschwendung.

Es mag hart klingen, wenn ich mich bei privaten Treffen frage, inwieweit ich davon profitiere, doch im Kern geht es ja auch in Freundschaften darum, etwas voneinander zu haben – gute Gespräche zu führen, etwas gemeinsam zu erleben, miteinander zu wachsen, sich in schlechten Zeiten beizustehen.

Wer ehrlich zu sich selbst ist, merkt womöglich, dass es im eigenen Terminkalender private Verabredungen gibt, die sich hohl anfühlen. Zum Beispiel, weil darin ausschließlich über frühere Zeiten gesprochen wird und nichts Neues entsteht, was einen zusammenhält.

Ich nehme mir vor, in derartigen Beziehungen ehrlicher zu mir selbst und zu meinem Gegenüber zu sein. Manchmal leben Menschen sich eben auseinander. Das ist ganz normal, es ergibt keinen Sinn, jemandem daran die Schuld zu geben. Hier bewusst einen Schlussstrich zu ziehen, halte ich für besser, als sich gegenseitig Zeit zu rauben. Und man kann ja im Guten auseinandergehen. Wer weiß, vielleicht trifft man sich in ein paar Jahren wieder und findet auf einer neuen Ebene wieder zusammen.

Zudem mache ich mir nichts vor: Auch im privaten Rahmen wollen mich viele Menschen treffen, weil sie sich von mir etwas erhoffen, beispielsweise ein Investment oder einen für sie hilfreichen beruflichen Kontakt. Ich habe zum Glück die Freiheit, nur noch einen Maßstab anlegen zu können, wenn es darum geht, mit wem ich meine Zeit teile, und der lautet: Wie fühlt sich diese gemeinsam verbrachte Zeit für mich an? Das ist die einzige Frage, die für mich zählt. Nicht, ob mir mein Gegenüber in irgendeiner Weise »etwas bringt«. Auf dieser Basis habe ich mir einen sehr diversen, internationalen Freundeskreis aufgebaut. Ich habe gute Freunde, die viel reicher sind als ich, und welche, bei denen es finanziell knapp ist. Mir ist es egal, ob jemand Professorin ist oder Postbote. Was zählt, ist, ob wir eine gute Zeit zusammen haben. Manche Freunde sehe ich nur sehr selten. Vermutlich weil es mir wie Routine vorkommen würde, gehöre ich nicht zu den Menschen, die sich mit derselben Clique einmal die Woche zum Pizzaessen treffen.

### Wochenmeeting für jede Lebenslage

Ich bin fest davon überzeugt, dass ein wöchentliches Meeting mit sich selbst in jeder Lebenslage hilft. Falls eine Stunde am Freitagabend der falsche Rahmen ist, lässt sich garantiert etwas Passenderes finden. Selbst wenn die Zeit chronisch knapp ist – das war sie bei mir auch! –, lassen sich möglicherweise die 30 Minuten morgens beim Pendeln in der Bahn zur Selbstreflexion nutzen. Oder täglich zehn Minuten vor dem Schlafengehen.

Empfehlen möchte ich, gerade für den Beginn, die Gedanken und Pläne, die im Meeting entstehen, schriftlich festzuhalten. Manchem mag es auch helfen, zum Start des Wochenmeetings die Notizen des vergangenen Monats durchzugehen, um so Fortschritte und Rückschläge besser einschätzen zu können.

### Warum »immer so« Quatsch ist

Alle Jahre wieder, kurz vor Weihnachten, begegnet mir ein besonders gutes Beispiel dafür, was für ein Unsinn es ist, etwas zu tun, nur weil man »das immer so gemacht hat«: der Meetingtisch in meinem Büro Mitte Dezember.

Normalerweise ist dieser Tisch sehr aufgeräumt, also nahezu leer. Aber zu dieser Zeit des Jahres stapeln sich dort Pralinen, Plätzchen, kleine Präsente und Weihnachtskarten von Unternehmen, mit denen ich geschäftlich zu tun habe. Die Karten lese ich nicht einmal – ich weiß ja, was draufsteht. Ein vorgedruckter Spruch mit Wünschen für ein »frohes Fest« und ein »erfolgreiches neues Jahr«. Das höchste der Gefühle ist eine handschriftlich hinzugefügte Unterschrift. Niemand braucht diese Karten und Präsente. Ja, mehr noch: Ich unterstelle, dass sich auch fast niemand darüber freut. Kekse und Schokolade haben die meisten Menschen im Dezember ohnehin im Überfluss und unpersönliche Allerweltsgrüße zum Fest berühren wohl kein Herz. Als mir mal jemand vorschlug, wir könnten als Unternehmen ebenfalls Weihnachtskarten verschicken, fiel meine Antwort sehr deutlich aus … Wenn überhaupt, würde ich eine Aufmerksamkeit im Januar schicken, dann hätte ich die Bühne nämlich für mich allein. Umsetzen würde ich das nur in Verbindung mit einer kreativen oder witzigen Idee.

Ich vermute, die Karten- und Präsentflut im Dezember würde deutlich abnehmen, wenn sich ein paar mehr Menschen trauen würden zu hinterfragen, ob das, was sie immer so gemacht haben, noch sinnvoll und zeitgemäß ist.

## Zeitfresser erkennen

Mein Meeting mit mir selbst beschert mir ein Aha-Erlebnis, als ich die Erkenntnisse mehrerer Wochen zusammenfasse. Und zwar wird mir bewusst, wie viele private Termine und Unternehmungen ich wahrnehme, die ich eigentlich nicht wahrnehmen will und die mich stressen. Ich beginne noch konsequenter, daran zu arbeiten, diese Zeitfresser loszuwerden. So gehe ich zum Beispiel nicht gern in die Oper, in Konzerte oder ins Museum. Trotzdem habe ich das alles gelegentlich getan, weil es in meinem Umfeld erwartet wurde oder weil ich jemanden nicht enttäuschen wollte. Ich habe mich auch überreden lassen, Golf zu spielen, nur um festzustellen, dass das nichts für mich ist. Stundenlang über den Rasen zu gehen, während kaum etwas passiert, langweilt mich ehrlich gesagt. Heute sage ich solche Einladungen ab und gewinne so Zeit, in der ich etwas unternehmen kann, das ich wirklich tun will. Es ist befreiend.

Ein wöchentliches Meeting mit mir selbst, in dem ich über die vergangenen Tage reflektiere und meine Ziele schärfe: Das mag wie ein weiteres Tool zur Selbstoptimierung klingen. So meine ich es aber nicht. Mein Meeting dient nicht dem Zweck, dass in der Woche drauf alles nach der Maxime »höher, schneller, weiter« läuft. Mein Ziel ist eher das Gegenteil: Ich betrachte meine Woche mit der Frage im Hinterkopf, wie ich meine Zeit erfüllter, sinnstiftender und glücklicher verbringen kann.

Interessant finde ich in diesem Zusammenhang ein Konzept, von dem ich zuerst von dem Harvard-Psychologen Arthur C. Brooks gehört habe: die Reverse-Bucket-List. Bucket Lists sind seit längerer Zeit populär; man schreibt auf, was man im Leben noch erreichen und erleben möchte. Brooks erzählt, dass er mit fünfzig die Bucket List gefunden habe, die er an seinem 40. Geburtstag verfasst hatte. Während er sie las, wurde er immer unzufriedener und fühlte sich wie ein Verlierer. Als Wissenschaftler habe ihn interessiert, warum das so war, wo quasi der Fehler lag. Brooks sagt: Zufriedenheit ist das, was du hast und erreicht hast, geteilt durch das, was du willst. Etwas Neues zu erreichen oder zu besitzen, könne einen zwar kurzfristig glücklicher machen, langfristig aber sei es sinnvoller, weniger zu wollen.

Brooks meint damit nicht, dass man sich keine Ziele setzen oder keine Wünsche haben soll! Aber man soll sich von diesen Zielen und Wünschen nicht vereinnahmen lassen. Der Psychologe erzählt, wie er sich an seinem 59. Geburtstag hingesetzt und eine Bucket List mit all seinen Wünschen und Ambitionen aufgeschrieben habe. Dann habe er sich jeden einzelnen Punkt sehr bewusst angesehen und sich gesagt, dass er ihn vielleicht erreichen werde, ihn aber trotzdem bewusst durchstreiche. Ein interessanter Ansatz!

Ein Meeting mit sich selbst ist keine typische Empfehlung, wenn es um gesundes Altern geht. Ich halte es aus meiner Erfahrung aber für einen wichtigen Baustein. Mir gibt es den Rahmen, Ziele bewusst zu setzen und regelmäßig zu überprüfen, was ich im Leben will und – fast noch wichtiger – was ich nicht will.

## VOM ARZT ZUM KLINIKINHABER ZUM RESTAURANTBESITZER – UND JETZT?

Am Sylter Strand habe ich mich gefragt, warum ich mir diesen ganzen Stress eigentlich antue. Warum war ich nicht zufrieden damit, meine Praxis mit fünf angestellten Ärzten zu führen, sondern habe eine Klinikkette aufgezogen? Was hat mich angetrieben?

Dass ich ein wöchentliches Meeting mit mir im Kalender habe, verrät, dass ich Selbstreflexion für einen Schlüssel halte, um mein Leben besser zu gestalten. Dazu gehört auch, zu hinterfragen, aus welcher Motivation heraus ich handle.

### Die Wertvorstellungen aus meiner Kindheit

Unsere Motivation, klar, beruht zu einem großen Teil auf den Werten, mit denen wir durchs Leben gehen. Meist entsteht das Fundament dieser grundlegenden Werte schon in unserer Kindheit und Jugend. Die Werte unserer Eltern werden unsere eigenen oder bringen uns in rebellischen Phasen dazu, das genaue Gegenteil zu wählen. Bei mir war das nicht anders. So wurde mir in meiner von der Waldorf-Pädagogik geprägten Kindheit vermittelt, dass ich einen sozialen Beruf ergreifen müsse. Auch wenn diese Forderung nie ausgesprochen wurde, verstand ich sie als Kind sehr wohl und verinnerlichte sie als Anspruch an mich selbst. Am besten, so glaubte ich, wäre es, selbstlos als Entwicklungshelfer in Afrika zu arbeiten. Denn nach Geld zu streben galt in meinem Umfeld als verpönt.

Weil wir solche früh vermittelten Ideale so stark verinnerlicht haben, ist es schwer, sich davon zu lösen. Der erste Schritt heraus ist die Selbsterkenntnis, dass bestimmte Wertvorstellungen im Kern gar nicht die eigenen sind, sondern die von Eltern oder anderen Bezugspersonen aus der Kindheit.

Wäre ich Schauspieler geworden, hätte ich mich wohl viel früher von diesen Idealen abgegrenzt, die nicht die meinen sind. Nach dem Unfall aber folgte ich erst einmal dem für mich gesetzten Narrativ, indem ich Medizin studierte. Arzt zu werden bedeutet ja, anderen Menschen zu helfen. Vor dem Hintergrund der mir vermittelten Werte hätte ich mich danach wohl am besten einer Hilfsorganisation angeschlossen, doch dass ich stattdessen anstrebte, Unfallchirurg zu werden, erschien als eine hinreichend noble Alternative. Dass es nicht dazu kam, lag nicht etwa an Selbsterkenntnis und daran, dass ich mich von den Idealen meiner Kindheit freigemacht hatte, sondern es waren, wie schon gesagt, die Schmerzen in meinem Beinstumpf, die bei längeren Operationen trotz Schmerzmitteln unerträglich waren, die diesen Lebensweg vereitelten.

Bitte nicht falsch verstehen: Ich habe großen Respekt vor allen Menschen, die bei »Ärzte ohne Grenzen« und anderen Hilfsorganisationen wichtige Arbeit leisten. Doch das war und ist nicht mein Weg, auch wenn ich ein Jahr an einer Klinik in Südafrika gearbeitet habe.

## Mein Weg in die Dermatologie

Als ich mich für eine medizinische Fachrichtung entscheiden musste und die Unfallchirurgie nicht infrage kam, reizte mich die Hautchirurgie am meisten. Aber die Dermatologie zählte damals zu den Fächern, die am stärksten überlaufen waren. Es war nahezu unmöglich, eine Stelle als Assistenzarzt zu ergattern. Ich entschied mich, etwas Ungewöhnliches zu tun, um meine Chancen zu erhöhen. Statt wie alle anderen bloß Bewerbungen zu schicken, fragte ich am Stuttgarter Krankenhaus Bad Cannstatt, ob ich dort eine Woche hospitieren dürfe. Jemanden, der gratis eine Woche aushilft, lehnt praktisch niemand ab. Am Ende der Hospitation konnte ich dem Chef meine Bewerbung persönlich in die Hand drücken, der nun schon einen Eindruck von mir gewonnen hatte und sah, dass ich das Team gut ergänzte – und bekam die Stelle.

Aus unternehmerischer Sicht könnte man sagen, die Woche an der Klinik war eine Investition meinerseits. Der Erfolg der Aktion war ungewiss. Es hätte auch passieren können, dass ich die Woche gearbeitet und den Job trotzdem jemand anderes bekommen hätte. Umsonst wäre dieser Einsatz selbst dann nicht gewesen, denn ich habe so in einer weiteren Klinik Erfahrungen sammeln und einige gute Ärzte kennenlernen können. Zudem bin ich mir sicher: Hätte ich mich bloß schriftlich beworben, hätte ich die Stelle nicht bekommen. Das ist eine meiner grundsätzlichen Erkenntnisse als Unternehmer: Wer wirklich erfolgreich sein will, muss raus aus seiner Komfortzone und mehr tun, als bloß seinen Job zu erledigen.

Mit der Dermatologie und Hautchirurgie wählte ich ein Fachgebiet, auf das einige Kolleginnen und Kollegen aus anderen Fachrichtungen herabschauen. Wir Hautchirurgen sorgen nämlich nicht nur dafür, dass beispielsweise Tumorpatienten, deren Nasen von Hautkrebs verunstaltet waren, wieder ein attraktives Gesicht erhalten, sondern wir spritzen auch Botox und bieten Menschen unsere fachkundige Hilfe an, die sich medizinisch nicht notwendige Eingriffe wünschen, allein um schöner auszusehen. Das wird von manchen Leuten als oberflächlich abgetan. Weil ich oft genug erlebt habe, wie glücklich und zufrieden Menschen nach einer Schönheitsoperation waren, habe ich darauf eine andere Sichtweise. (In meinen Kliniken machen wir übrigens zu etwa 70 Prozent klassische Dermatologie, deren Kosten von den Krankenkassen übernommen werden, und zu 30 Prozent Ästhetische Chirurgie und Schönheitschirurgie.)

**»Wieso musst du Unternehmer werden? Du bist doch Arzt!«**

Auch im Medizinstudium wurden mir Wertvorstellungen eingetrichtert, die ich erst spät hinterfragt habe. Zum Beispiel lautete ein ungeschriebenes Gesetz, dass Ärzte kein Unternehmer sind. Es galt, sich einzig am Patientenwohl zu orientieren, jegliche unternehmerische Überlegung, so die Idee, würde dem entgegenlaufen. Heute ist mir klar, dass das Unsinn ist, wir Ärztinnen und Ärzte sollten beides verbinden, weil am Ende ja jemand die Rechnung bezahlen muss. Weder in meiner Praxis noch in meinen Kliniken habe ich jemals an medizinischer Qualität gespart, aber ich habe an Prozessen gearbeitet, um die Effizienz zu verbessern.

Ein praktisches Beispiel: Die Beschwerden, mit denen Menschen zu uns kommen, sind vielfältig. Einige haben lediglich eine Warze am Fuß, andere haben diverse Probleme. Wir haben ein System entwickelt, mit dem wir vorab festlegen, wie lange ein Termin dauert. Dabei spielen neben der Komplexität der Krankheit das Alter und weitere Faktoren eine Rolle. Während für die Warze 15 Minuten blockiert werden, hat die 80-Jährige mit multiplen Hautleiden eine halbe Stunde, bei komplexen Operationen wird gleich eine Stunde oder bei Bedarf auch mehr eingeplant. Durch diese genaue Vorabplanung erhöht sich die Effizienz, ohne dass die Qualität darunter leidet.

Für fast alle Patientinnen und Patienten sind die Termine in dieser Form gut und ausreichend. Und falls die Zeit einmal nicht reicht, findet sich schnell ein Anschlusstermin. Die Ärztinnen und Ärzte haben so deutlich weniger Leerlauf zwischen den Terminen. Weil selbst in der Schweiz der Bedarf an Beratung und Therapie größer ist als die Zeit, die diese zur Verfügung stellen können, profitieren aus meiner Sicht alle von dieser Planung.

Wenn ich jetzt zurückblicke, erkenne ich, dass ich vor allem von den mir vermittelten Idealen zurückgehalten wurde, konsequent meinen Weg zu gehen. Mir ist so sehr eingebläut worden, dass ich mich nur um Medizin zu kümmern habe, dass es mir zunächst schwerfiel, mich gleichzeitig als Unternehmer zu verstehen. Es musste sich in meinem Kopf erst einmal zusammenfügen, dass sich beides vereinen lässt. Und ich musste mir selbst erst eingestehen, dass ich sogar Spaß daran habe, Prozesse zu optimieren und auf einen exzellenten Kundenservice zu achten.

Ich war immer gern Arzt und ich glaube, auch ein guter. Weil ich mir meine persönlichen Stärken und Schwächen bewusst gemacht habe, weiß ich allerdings: Es entspricht nicht meinem Naturell, jeden Tag das Gleiche zu machen. Ein Hautarzt sieht in einer Praxis zwar jede Menge unterschiedliche Patienten am Tag, aber schon nach etwa zwei oder drei Jahren sind die allermeisten Fälle Routine. Für mich schwand damit ein Teil des Reizes dieser Arbeit.

Ich denke, ich bin da eher eine Ausnahme, zumindest in meinem Umfeld scheinen vielen Menschen Routinen im Job wenig auszumachen. Das ist ja auch gut so, schließlich wird die Hautärztin, die vom Tag ihrer Niederlassung an bis Mitte sechzig jeden Wochentag Dutzende Menschen behandelt, dringend gebraucht.

Als ich 2018 beschloss, eine Klinik zu gründen, stieß ich abermals auf Widerstand. Kolleginnen und Kollegen und mein Umfeld äußerten offene Kritik. Der Tenor war: »Wieso musst du Unternehmer werden? Du bist doch Arzt!« Patienten wiederum beklagten sich, dass sie keinen Termin mehr bei mir bekämen.

Ich ließ mich davon aber nicht beirren, denn ich wollte etwas Neues ausprobieren und meine Talente besser nutzen. Ich hatte es geschafft, mich von den Idealvorstellungen meiner Eltern und denen meines Umfeldes zu befreien. Ich machte endlich, was ich wollte – und tue es seitdem.

Meine Vermutung ist, dass es auch anderen Menschen schwerfällt, sich von den Einflüsterungen des Umfelds frei zu machen.

Ich kann nur empfehlen, sich bewusst damit auseinanderzusetzen, was die eigenen Wünsche sind und was die Vorstellungen anderer. Einen geeigneten Raum dafür bietet das wöchentliche Meeting mit sich selbst. Und eine gute erste, offene Frage lautet: Warum tue ich das?

Mit der Eröffnung meiner ersten Klinik begann bei mir allerdings die Phase, in der ich mich so stark auf meinen unternehmerischen Erfolg konzentrierte, dass ich meine Gesundheit schädigte, ohne es zu bemerken. Eine Klinik zu führen ist etwas anderes, als eine Praxis mit einigen Angestellten zu leiten. Das Praxisteam, das ich vorher hatte, hatte eine überschaubare Größe, sodass alle Prozesse familiär ablaufen konnten. Ich kannte jede Person gut, die bei mir arbeitete, und hatte einen direkten Draht zu allen. Mit den vielen Beschäftigten einer Klinik war das unmöglich. Ich musste viel dazulernen, ehe es in diesem größeren Unternehmen rundlief. Zudem eröffnete ich im Herbst 2021 einen weiteren Klinikstandort in Olten, 2023 einen in Zürich und 2025 einen in Luzern, und meine alte Praxis führte ich ebenfalls weiter. Es lief fantastisch, gerade in der Coronapandemie. Weil die Menschen durch Zoom- und Teams-Meetings ihr eigenes Gesicht häufiger denn je sahen, wuchs die Nachfrage nach Schönheitsoperationen.

Dass mich, wie schon erwähnt, die vergangenen Jahre Sorgen um Kredite umtrieben, hatte nicht mit meiner Klinikkette zu tun, sondern damit, dass ich noch mehr wollte als das …

## Meine Klinik braucht eine Küche!

Der Alltag von Ärztinnen und Ärzten ist fordernd. Sie sehen meist eng getaktet Patienten und müssen sich nach den schon eingestellten Terminen richten. Homeoffice ist keine Option. Für den Austausch mit Kolleginnen und Kollegen bleibt ihnen nur die Zeit in der Mittagspause. Austausch braucht es aber, damit Menschen sich wohlfühlen und damit eine positive Unternehmenskultur entsteht.

Als ich mitbekam, wie sich meine Ärzte und MPAs – das steht für Medizinische Praxisassistenz – in ihrer Pause ungesundes Essen holten und sich irgendwo auf eine Bank setzten, zum Teil allein auf ein Handy starrend, dachte ich mir: So funktioniert es nicht. Jedes Zuhause hat ein Zentrum, in dem man sich trifft, gemeinsam isst, Beziehungen aufbaut und pflegt. Und mir wurde klar: Meine Klinik brauchte eine Küche. Einen Ort, an dem sich alle versammeln und ein Zusammengehörigkeitsgefühl entsteht. Ich war sicher, so ein Raum würde meinem Unternehmen guttun. Zusammen zu essen, bildet einfach eine gute Basis.

Kantinen gelten allerdings nur selten als Orte kulinarischer Offenbarung. Ich war in genug Krankenhauskantinen, um zu wissen, dass man sie in der Regel zwar satt, nicht aber zufrieden verlässt. Mir schwebte etwas anderes vor. Die Exzellenz, die wir medizinisch erreichten, wollte ich auch in dem Restaurant, das meine Beschäftigten bewirtete. Sie sollten gesund und lecker zu Mittag essen können und sich dabei so wohlfühlen wie in der heimischen Küche. Ich stellte mir vor, wie sie gemeinsam an großen Tischen saßen und lachten (gern auch über mich).

Gänzlich uneigennützig war die Idee nicht – Ärztinnen, Ärzte und MPAs werden auf dem Arbeitsmarkt stark umworben. Ich hatte die Hoffnung, die Klinik als Arbeitsort attraktiver zu machen und die Fluktuation der Angestellten zu senken. Das Restaurant sollte dabei nur ein Baustein sein, gleichzeitig investierte ich viel Zeit, Liebe und Geld in ein umfassendes Programm zur Fort- und Weiterbildung, um meinen Beschäftigten gute Perspektiven zu bieten.

Ich rief einen Freund von mir an, Kevin Romes, und fragte ihn, ob er dieses besondere Mitarbeiterrestaurant für mich aufziehen würde. Kevin hat schon in vielen preisgekrönten Restaurants gekocht. Er stellte eine Bedingung: Er wollte sich nicht nur um das Mittagessen für die Belegschaft kümmern, sondern zusätzlich abends für Gäste öffnen. Kevin hatte vor, mit seiner Arbeit Preise zu gewinnen, allen voran einen Michelin-Stern.

### Albtraum Umbau

Direkt an die Klinik angrenzend liegt ein altes Gebäude, das man in Lenzburg kennt – es ist die Alte Spenglerei der Hero. Dort wurden ab dem Jahr 1886 Konservendosen hergestellt, das erste Produkt waren Dosenerbsen. Heute ist die Hero ein internationales Unternehmen, das seinen Firmensitz zwar immer noch in Lenzburg hat, in der Alten Spenglerei allerdings werden schon lange keine Konservendosen mehr gefertigt.

Zu dem Zeitpunkt, als ich mich nach Räumen für ein Restaurant umsah, stand das Gebäude leer und der Besitzer suchte einen neuen Mieter. Es passte ideal für mein Vorhaben, denn neben dem Restaurant bot es sogar Platz für eine Vergrößerung der Klinik. Es schien die perfekte Gelegenheit zu sein. Zunächst lief alles super. Mit dem Vermieter wurde ich schnell einig, Kevin sagte zu und der Architekt plante die nötigen Umbauten so, dass wir das Restaurant im Januar 2022 würden eröffnen können. Ich freute mich auf den Jahreswechsel.

Es war der Beginn eines Albtraums! Die Spenglerei steht unter Denkmalschutz, bei jedem Detail des Umbaus sprachen also Behörden mit. Wir hatten Klimaanlagen auf dem Dach geplant, sowohl für das Restaurant als auch, noch wichtiger, für die neuen Operationssäle. Diese Anlagen waren zu groß, wurde entschieden. Vor allem diese Vorgabe warf die gesamte Planung um. Im Dezember 2021 eröffnete mir der Architekt, dass der Umbau ein halbes Jahr länger dauern und zwei Millionen Euro mehr kosten würde.

Ich hatte schon Menschen angestellt, die ab Januar im neu eröffneten Klinikflügel und im Restaurant arbeiten sollten. Es standen also Menschen auf der Lohnliste, die über Monate ihrer Arbeit nicht würden nachgehen können, was weitere Kosten verursachte.

Zwar liefen meine Kliniken gut, doch einen weiteren Millionenkredit wollte mir keine Bank geben. Aus dem Bauprojekt wieder auszusteigen, wäre zu diesem Zeitpunkt unmöglich gewesen. Mir blieb also nur die Option, mit meinem privaten Vermögen für den zusätzlichen Kredit zu haften. Ich war mittlerweile zwar wohlhabend, aber das soll an dieser Stelle nicht täuschen. Wäre das Projekt in eine Schieflage geraten, hätte ich alles verlieren können.

Statt zu Jahresbeginn öffnete das »skin's – the restaurant« Anfang Juni.

Trotz der schönen Einrichtung hat das skin's einen Nachteil: Weil es im ersten Stock liegt, gibt es lediglich Plätze im Gebäudeinneren. Im Sommer haben es Restaurants mit Außenbereich einfacher. Dass wir im Juni und nicht im Januar eröffneten, erschwerte uns also den Start. Es folgten Abende mit nur ein, zwei besetzten Tischen und sogar welche, an denen wir wegen fehlender Reservierungen gar nicht öffneten.

## Tränen bei der Michelin-Verleihung

Bevor die Schwierigkeiten beim Umbau unsere Planungen zunichte gemacht hatten, hatten Kevin, sein Team und ich ernsthaft gehofft, dass wir es schaffen würden, die Aufmerksamkeit des Guide Michelin rechtzeitig zu gewinnen. Eröffnung im Januar, ein erster Stern bei der Verleihung im Oktober: Das war ein ambitioniertes Ziel, aber wir waren ja alle hoch motiviert. Doch das nach einer Eröffnung im Juni zu schaffen? Praktisch unmöglich.

Im Oktober reisten Kevin, Pascal, der Sous-Chef, und ich zur Preisverleihung des Michelin nach Lausanne. Vielleicht, so unsere

Hoffnung, würden wir ja wenigstens in einer Sonderkategorie ausgezeichnet. Ich saß ganz leger in T-Shirt und Chinos im Palais de Lausanne, weil ich nicht ernsthaft damit rechnete, auf die Bühne gerufen zu werden. Keiner der Sonderpreise ging an uns. Dreißig Schweizer Restaurants erhielten an dem Abend erstmals einen Michelin-Stern. Wir waren nicht dabei.

Ich war zwar ohne große Hoffnung angereist, doch es tat trotzdem richtig weh. Ich spürte, wie mir Tränen die Wangen herunterliefen. Ich würde meiner Küchencrew sagen müssen, dass wir schließen. Kevin und Pascal erging es nicht besser als mir. Ihnen war klar, dass das skin's so keine Zukunft haben würde, weil es nicht gut genug lief.

Dann wurde verkündet, welche Restaurants mit zwei Sternen ausgezeichnet wurden. Es war ein unwirklicher Moment, als ich die Worte: »Straight to two Stars… skin's – the restaurant« hörte. Von tiefer Verzweiflung wechselte ich auf einen Schlag in überbordende Freude. Wir hatten nicht einen, sondern zwei Michelin-Sterne, nur vier Monate nach Eröffnung! Das ist ein Rekord für sich. Plötzlich weinte ich so richtig – aber vor Glück. Die harte Arbeit der Küchencrew hatte sich gelohnt. Dieses fantastische Team erhielt die Auszeichnung, die es sich verdient hatte! Meine schlaflosen Nächte waren für den Moment vergessen. Und das skin's ist seitdem abends meist ausgebucht.

Um auf meine Ursprungsidee zurückzukommen: Unter der Woche bietet das skin's mittags eine Auswahl von zwei Gerichten für die Mitarbeitenden und die stationär aufgenommenen Patienten. Beschäftigte unter einer bestimmten Gehaltsgrenze können gratis essen, die anderen zahlen einen für die Schweiz günstigen Preis. Alle sitzen an einem großen Tisch und essen gemeinsam. Man bestellt das Essen vor und holt es sich selbst ab. Zum Trinken steht Wasser bereit. Es gibt bewusst kein Take-away, damit sich niemand allein mit seinem Essen ins Büro verabschiedet. Das Ganze läuft so ungezwungen ab, wie ich es mir erhofft hatte.

Auch abends geht es im Restaurant vergleichsweise entspannt zu. Wir haben keinen Dresscode. Und weil ich es mir nicht anders vorstellen will, sind Hunde erlaubt. Sie bekommen eine Decke, damit sie es gemütlich haben, und etwas zu trinken.

## Die Komfortzone verlassen

Warum erzähle ich das alles? Ich hoffe, dass meine Geschichte dazu anregt, über den eigenen Schatten zu springen. Wer vorankommen will, muss sich etwas trauen. Was es zu wagen gilt, ist so unterschiedlich wie die jeweilige Lebenssituation. Doch im Kern geht es immer um dieselbe Frage: Strenge ich mich an, um Widerstände zu überwinden und aus den Vorstellungen, die andere mir vorgeben, auszubrechen, oder verharre ich in meiner Komfortzone, die womöglich gemütlich wirkt, mich aber unzufrieden werden lässt? Ich bin überzeugt, dass es in allen drei wesentlichen Lebensbereichen – Gesundheit, Beziehungen, persönliche Entwicklung – hilft, sich diese Frage zu stellen.

Immer wieder erlebe ich Menschen, die erwarten, großen Erfolg zu haben, ohne dass sie bereit wären, sich richtig reinzuhängen. Meistens ist ihnen ein gewisser Frust anzumerken, weil sie merken, dass Erfolg nun einmal nicht auf dem Silbertablett serviert wird. Alle erfolgreichen Unternehmerinnen und Unternehmer, die ich kenne, haben ihre Ziele nur erreicht, weil sie bereit waren, ihr Leben darauf auszurichten. Und sie sind alle von etwas angetrieben, das über den bloßen Wunsch hinausgeht, viel Geld zu verdienen.

Ich habe mit Menschen, die so wie ich ein Business aufgebaut haben, darüber gesprochen, was uns antreibt. Bei mir war es ganz klar die Entscheidung, die ich als Jugendlicher getroffen habe: Ich wollte einen anderen Weg gehen als meine Eltern. Daraus ist ein Wunsch nach Veränderung und Entwicklung entstanden. Ich gebe zu, dass ich mir Anerkennung wünsche, doch das tun im Grunde vermutlich alle Menschen. Sicher trägt dieser Wunsch dazu bei, dass ich nun die Geschichte meiner Reise zu meinem jüngeren Ich öffentlich mache.

Interessanterweise haben Forschende in Deutschland untersucht, ob sich die Persönlichkeitsmerkmale reicher Menschen von denen der Allgemeinbevölkerung unterscheiden. Das Ergebnis: Reiche, und zwar insbesondere Selfmade-Millionäre, haben demnach eine erhöhte Risikobereitschaft, sind offener für Neues, extrovertierter, emotional stabiler und gewissenhafter.

Risikobereit war ich tatsächlich, seit ich denken kann. Wahrscheinlich haben meine frühen Erfolge es mir erleichtert, das auch zu bleiben. Auch Offenheit für Neues sehe ich bei mir. Ich merke bis heute, dass es in mir regelrecht anfängt zu kribbeln, wenn mir jemand ein cooles Projekt vorstellt. Und die Erfahrung, dass man gewissenhaft sein und sich manchmal durchbeißen muss, um erfolgreich zu sein, habe ich ja schon erwähnt.

Ich sehe mich allerdings nicht als extrovertierten Menschen. Zwar stehe ich selbstbewusst in der Öffentlichkeit und vor der Kamera und habe als Arzt Zigtausende Patientenbeziehungen aufgebaut, aber ich spüre, dass das alles an mir zehrt, wenn ich es übertreibe. Ich bin froh, wenn ich abends still auf meinem Sofa ein Buch lese. Weil es mich langfristig glücklicher macht, verlasse ich dennoch gern mal meine Komfortzone – etwas, das ich allen empfehle. Es lohnt sich!

### Love it, change it or leave it

Schwer nachvollziehen kann ich, wenn Menschen ständig über ihren Job klagen, aber nichts dafür tun, um ihre Situation zu ändern. Bei einer Umfrage in Deutschland gaben zuletzt 13 Prozent an, sie hätten innerlich gekündigt. Und die Hälfte der Befragten meinte, dass sie in einem Jahr nicht mehr bei ihrem derzeitigen Arbeitgeber sein wollten.

Wie man es erträgt, innerlich gekündigt zu haben und dennoch Tag für Tag den Job weiter auszuüben, ist mir ein Rätsel. Der daraus entstehende Frust ist garantiert weder kurz- noch langfristig gesund. Wer sich in so einer Situation befindet und sich auf das Wochenmeeting mit sich selbst einlässt, dem hilft vielleicht eine altbekannte, praxisnahe Fragemethode, um das Thema strukturiert zu durchdenken. Im Englischen gibt es den Spruch: *Love it, change it or leave it,* also: Liebe es, ändere es oder geh. Auf diesem Satz baut die Methode, die aus drei Schritten besteht, auf.

Der erste Schritt dreht sich um das »love it«: Kann ich die Situation für mich so bewerten, dass ich mit meinem Job wieder glücklich werde? Hat er gute Seiten, die ich eigentlich schätze und zuletzt nur übersehen habe? Gibt er mir eventuell an anderer Stelle Freiheiten, sodass er in der Gesamtschau von Gesundheit, Beziehungen und persönlicher Entwicklung doch in Ordnung ist?

Wie schon erwähnt, arbeite ich gern mit Stift und Zettel und kann das nur empfehlen. Es hilft, sich Argumente und Gegenargumente zu verdeutlichen, zu gewichten und in ihrer Gesamtheit zu betrachten.

Die Fragen des zweiten Schritts – »change it« – lauten: Gibt es Stellschrauben, an denen ich drehen kann, um die Situation zu verändern? Habe ich Möglichkeiten, mich in diesem Job auf andere Themen zu konzentrieren? Kann ich die Abteilung wechseln, um etwa dem Chef zu entgehen, der mir mit seiner Art das Leben schwer macht? Kann ich aktiv daran mitwirken, Dinge nicht nur für mich, sondern auch für andere zu verbessern?

Aus den Antworten dieser Fragen ergibt sich eine Handlungsempfehlung: Gibt es gute Ansätze, die Situation doch zu lieben oder ändern zu können, dann raus aus der Jammerei und ran ans Werk. Fällt zweimal ein klares Nein, ist der Moment gekommen, zu gehen.

### Zu scheitern gehört dazu

Als jemand, der beruflich viel erreicht hat, schaue ich eher kritisch auf Kurse und Masterclasses, die angeblich vermitteln, wie man erfolgreich ein Unternehmen aufbaut. Das hängt sicher damit zusammen, dass ich niemanden kenne, der nach dem Besuch eines solchen Kurses tatsächlich ein gut laufendes Business gegründet hätte. Ein Kurs kann zwar inspirieren und ein paar Basics vermitteln, aber es gibt kein schnelles Rezept und keine Abkürzung für unternehmerischen Erfolg. Man muss aus Fehlern lernen, Misserfolge durchstehen und trotzdem weitermachen.

Das alles gilt ebenso für die Longevity-Themen. Denn regelmäßige Sporteinheiten ins Leben zu integrieren und die Ernährung entsprechend zu verändern, sind Prozesse, die nicht in jedem Augenblick Spaß bringen. Es gehört dazu, sich manchmal durchzubeißen und womöglich trotzdem in einzelnen Punkten zu scheitern. Wichtig ist, dass die Angst zu versagen nicht dazu führt, es erst gar nicht zu versuchen. Mir ist es lieber, etwas zu versuchen und zu scheitern, als es nie probiert zu haben. Meine Erfahrung ist zudem, dass immer, wenn sich in meinem Leben eine Tür geschlossen hat, zwei andere aufgingen.

### Mein neuer Blick auf die Arbeit

Obwohl ich es liebe, Unternehmer zu sein, blicke ich jetzt anders auf meine Arbeit. Für mich ist die Zeit gekommen, beruflich kürzerzutreten. Seit Jahren habe ich keinen Tag Urlaub genommen, an dem ich nicht ständig auf mein Handy geschaut hätte, ob etwas

Wichtiges zu erledigen ist. Als alleiniger Inhaber konnte ich es mir nicht erlauben, abzutauchen.

Das ändere ich jetzt, obwohl zunächst unklar ist, ob meine jetzige Geschäftsleitung diese Lücke schließen kann oder ob wir jemand Neues einstellen müssen. Das werden wir sehen.

### Meine Leitgedanken zu beruflichem Erfolg

1. Finde etwas, das dich packt und begeistert. Das mag etwas sein, das du nicht vermutest. Probiere deshalb Dinge aus, beruflich und in der Freizeit.
2. Teile deine berufliche Karriere in drei Bereiche: Das erste Drittel dient zum Lernen und Entdecken. Das zweite Drittel ist dazu da, das, was du für dich gefunden hast, zu perfektionieren. Das letzte Drittel dazu, gut zu verdienen.
3. Mache es wie bei der Bergfahrt: Konzentriere dich auf das nächste Ziel.
4. Habe den Mut, etwas zu ändern, wenn du unzufrieden bist.
5. Und: Vergiss das Leben nicht, die Erfahrungen, die besonderen Momente, die Beziehungen und deine Gesundheit.

# WARUM GELD DOCH GLÜCKLICH MACHT

Wenn wir über Longevity sprechen, geht es die meiste Zeit klar um physische und psychische Gesundheit und wie sich diese etwa durch Sport oder Stressmanagement verbessern lässt. Doch ich will auch über einen Einflussfaktor sprechen, der auf den ersten Blick nicht in dieses Themenspektrum gehört: Geld.

Geld kann zu einem längeren, gesünderen Leben verhelfen. Das zeigt sich im Vergleich zwischen armen und reichen Nationen genauso wie im Vergleich armer und reicher Menschen, die im selben Land leben. Für Deutschland gilt dies ebenso wie für die Schweiz.

Daten aus Deutschland aus der Zeit von 1992 bis 2016 zeigen einen dramatischen Unterschied, wenn man Sterberisiko und Einkommen betrachtet. 13 Prozent der Frauen und 27 Prozent der Männer aus der niedrigsten Einkommensgruppe starben vor ihrem 65. Geburtstag. In der höchsten Einkommensgruppe waren es 8 Prozent der Frauen und 14 Prozent der Männer. In Deutschland leben die reichsten 10 Prozent der Bevölkerung durchschnittlich sieben Jahre länger als die ärmsten 10 Prozent.

Eine weitere Studie aus Deutschland zeigt, dass sich diese Unterschiede tendenziell sogar noch vergrößern. Und in der Schweiz weiß man: Männer, die zum Beispiel in Bern oder Lausanne in Stadtteilen mit einem niedrigen sozioökonomischen Status leben, sterben im Schnitt viereinhalb Jahre früher als Männer aus einem reichen Stadtteil. Bei Frauen beträgt die Differenz zweieinhalb Jahre.

Daten aus England und den USA belegen, dass reiche Menschen sich dort im Schnitt sieben bis neun Jahre länger eines gesunden Lebens erfreuen können als arme Menschen.

Geld und Lebenserwartung sind also miteinander verknüpft.

Die Gründe sind vielfältig. Wer genug Geld hat, kann sich zum Beispiel besseren Wohnraum leisten – etwa in Gegenden mit weniger Luftverschmutzung oder Lärm. Sich gesund zu ernähren, ist leider oft teurer und aufwendiger, als zu ungesunden Alternativen zu greifen. Chronischer Stress wegen Geldsorgen und daraus entstehender Probleme lässt einen dagegen frühzeitig altern. Und sicher spielt auch Bildung eine Rolle, denn dass diese das Leben verlängert und die Chance erhöht, genug Geld zu haben, ist durch Forschung gut belegt.

Ich sehe an mir selbst, dass Wohlstand vieles erleichtert. Ich kann mir das Fitnessstudio leisten, verschiedenste medizinische Tests, die ich selbst bezahlen muss, Reisen, bei denen ich meine Batterien auflade – und allem voran: Ich kann nahezu frei über meine Zeit verfügen. Diesen Luxus haben die wenigsten.

Für mich ist heute der größte Vorteil von Geld, dass es mir diese und andere Freiheiten gibt und nicht, dass ich mir teure Autos, Uhren oder Klamotten leisten kann. Eine Phase, in der ich mich mit Luxusartikeln eindeckte, hatte ich allerdings, das will ich nicht verschweigen.

Als ich mit dreizehn Jahren die Waldorfschule verlassen wollte, gab es diesen denkwürdigen Termin mit den drei Lehrern, davon habe ich schon erzählt. Sie versuchten, mir einzureden, dass ich zu schlecht für die staatliche Schule sei, dass ich dort versagen würde. Heute als Erwachsener macht mich die Grausamkeit dieses Gesprächs fassungslos. Damals sah ich nur zwei Möglichkeiten: mich zu fügen und zu akzeptieren, dass ich es nicht schaffe – oder es ihnen so richtig zu zeigen!

Mit dem Vorstellungsvermögen eines 13-Jährigen malte ich mir aus, wie ich als Erwachsener mit einem Porsche vor der Waldorfschule auftauchen würde, damit die drei Lehrer sehen könnten, wie sehr sie sich in mir getäuscht hatten. Diese Erinnerung zeigt mir heute, wie gut es den Autokonzernen gelungen ist, ihre Produkte als Sinnbild von Erfolg und Wohlstand im Bewusstsein zu verankern.

Als ich mir mit zweiunddreißig Jahren dann tatsächlich den ersten Porsche leistete, waren mir diese drei Typen so egal, dass es mir die Mühe nicht wert war, zu meiner damaligen Schule zu fahren. Was ich mir stattdessen bald eingestand: Ich finde Sportwagen unbequem. Dieser tiefe Einstieg ist alles andere als praktisch. Abgesehen davon fehlt mir sowieso die Zeit, durch die Gegend zu fahren – und richtig schnell fahren ist auf Schweizer Autobahnen ohnehin verboten.

## Wie ich Geld in der Hamburger Herbertstraße verdiente

Als junger Mann kam ich zunächst mit relativ wenig Geld aus. Mein Studium finanzierte ich mir größtenteils selbst, indem ich verschiedenste Jobs annahm. Ein Nebeneffekt davon war, dass ich vieles ausprobieren konnte.

Eine Zeit lang saß ich am Telefon und rief Menschen an, die ein Zeitschriftenabonnement gekündigt hatten. Es waren vorwiegend ältere Damen, die sich von einem Yellow-Press-Titel trennen wollten. Ich lernte die Kniffe, mit denen es gelingen konnte, sie zu einer Fortsetzung des Abos zu überreden. Das war kein schöner Job, aber einer, in dem ich einiges über Menschen lernte.

Außerdem übernahm ich viele Nachtwachen an Kliniken, jobbte eine Weile in einem Holzwerk und einem Recyclingwerk und arbeitete als Barkeeper in der Nähe der Hamburger Universität.

Die Erfahrungen, die ich bei all diesen Jobs sammeln konnte, sind rückblickend mindestens genauso viel wert wie das Geld, das ich bekam.

Als Botox aufkam, sah ich als junger Assistenzarzt darin eine gute Möglichkeit, Geld zu verdienen. Ich musste nur jeweils ein paar Kundinnen in kurzer Abfolge versorgen, um eines der teuren Fläschchen aufzubrauchen. Die Arbeit war deutlich lukrativer als meine vorherigen Jobs. Meine Kundschaft fand ich zum Teil auch im Rotlichtmilieu.

Ich war wahrscheinlich der einzige Mann, der regelmäßig die Hamburger Herbertstraße mit mehr Geld verließ, anstatt mit weniger – von Zuhältern abgesehen.

Durch die Nebenjobs konnte ich mir eine kleine Wohnung leisten. Das Geld reichte, um auszugehen; zwar nicht in teure Restaurants, aber ich hatte genug, um auf Partys zu gehen und Sport zu treiben.

Wenn ich mich so an mein damaliges Leben erinnere, weiß ich: Es wäre sicherlich etwas Überwindung zum Anfang, aber ich könnte in ein deutlich bescheideneres Leben zurück, falls das nötig wäre.

## Lieber Erlebnisse erwerben als Luxusartikel

Mit Reichtum verbinden viele Menschen ein Anhäufen von Luxusartikeln – der Sportwagen, die teure Uhr, die Luxushandtasche. Mag sein, dass es Menschen gibt, die aus großer Leidenschaft solche Objekte sammeln. Ich vermute allerdings, oft steckt eher dahinter, dass jemand versucht, den Vorstellungen seines Umfelds zu entsprechen – oder einen hohen Status darstellen will.

Als ich vor einer Weile eine Dokumentation sah, in der ein Privatjetverkäufer erklärte, sein feiner Anzug zeige, dass er eben nicht ganz oben angekommen sei, musste ich schmunzeln. Denn die Beobachtung habe ich schon gemacht, wenn ich Leute traf, die deutlich wohlhabender waren als ich: Sie kleiden sich so gemütlich und locker, wie sie wollen. Weil sie niemandem beweisen müssen, dass sie reich sind.

Statt mein Geld in solche Luxusgüter zu stecken, nutze ich es lieber, um etwas zu erleben oder anderen eine Freude zu bereiten. Ich habe zum Beispiel schon die Reisekosten von Freunden, mit denen ich zusammen unterwegs war, übernommen, wenn diese sich den Urlaub nicht leisten konnten. Für mich dient Geld an dieser Stelle schlicht als ein Mittel, um Hürden aus dem Weg zu räumen; um mir und anderen etwas zu ermöglichen.

Interessanterweise gibt es psychologische Untersuchungen dazu, die belegen, dass der »Erwerb« von Erlebnissen – also etwa Reisen, Konzerte, die Fußball-Dauerkarte oder Restaurantbesuche – glücklicher macht als der Kauf von Gegenständen. Die Erlebnisse, so die Idee dahinter, spiegeln stärker wider, wer man wirklich ist, als die materiellen Dinge. Mein Vater hatte recht, als er sagte, ich solle in Erinnerungen investieren, nicht in Aktien.

## Für immer zufrieden mit 5000 D-Mark

Als Medizinstudent hatte ich ein Erlebnis, das mein Ankerpunkt in Sachen Finanzen wurde. Mit dem jungen Chirurgen, der mich nach dem Unfall betreut hatte, war ich inzwischen befreundet. Wir waren zusammen in seinem Golf unterwegs, als ich ihn fragte, wie viel Geld er eigentlich verdiene. Er sagte, er habe ein Monatsgehalt von 5000 D-Mark – das war vor der Euro-Umstellung – brutto. Ich betete stumm zum Gott des Geldes: »Wenn ich jemals 5000 D-Mark brutto verdiene und mir einen Golf leisten kann, habe ich alles, was ich mir wünsche.« Ich war sicher, dann würde ich zufrieden sein. Bis heute denke ich bei Finanzthemen immer wieder an mein Versprechen.

Mich auf diese Weise zu erden, hilft mir. In meinem Umfeld erlebe ich häufiger, dass Menschen unglücklich werden, weil sie sich stets mit jenen vergleichen, die deutlich mehr erreicht haben als sie selbst. Ich dagegen bin zufrieden, und wann immer ich in die

Versuchung gerate, mich an Reicheren zu orientieren, erinnere ich mich an meinen stillen Schwur von damals.

Ich will mit diesen Schilderungen keinen Neid wecken, sondern eher dazu motivieren, die eigenen Anschaffungen daraufhin abzuklopfen, ob sie einen glücklich machen – vorausgesetzt, es ist genug Geld für Käufe vorhanden, die nicht zwingend notwendig sind.

Möglicherweise ist dieser mehrmals aufgeschobene Städtetrip das Investment wert, weil man vermutlich noch Monate oder Jahre später darüber reden wird. Oder eine Spende gibt einem ein viel besseres Gefühl als das x-te Paar Schuhe im Schrank?

Ich habe mir angewöhnt, manchmal wildfremde Menschen zu beschenken. Etwa ein Pärchen im Restaurant, dem ich anonym ein weiteres Getränk spendiere und mich freue, wie sie sich freuen. Oder die Familie an der Supermarktkasse, deren Einkauf ich mitbezahle, einfach so. In diesen Momenten ist Geld doppelt wertvoll: Diese Geschenke machen andere glücklich und mich als Spender noch viel glücklicher.

Durch diese oder jene Anschaffung oder Ausgabe lebt man nicht länger, aber mir geht es ja auch darum, das Leben im Hier und Jetzt erfüllender zu gestalten.

# RAUS AUS DEM CHRONISCHEN STRESS: WIE ICH ES SCHAFFE, MICH WIEDER BEWUSST ZU ENTSPANNEN

Viele Menschen leiden unter chronischem Stress. In einer 2013 veröffentlichten Studie gaben in Deutschland rund 14 Prozent der Frauen und 8 Prozent der Männer an, stark davon betroffen zu sein. In der Umfrage einer großen Krankenkasse aus dem Jahr 2021 bestätigte sogar knapp ein Viertel der befragten Erwachsenen, häufig beruflich oder privat gestresst zu sein. Stress bei der Arbeit war demnach der stärkste Auslöser. Insbesondere Mütter sind durch die Doppelbelastung durch Job und Familie gestresst. Dementsprechend fühlten sich Rentnerinnen und Rentner laut der Umfrage auch deutlich weniger unter Druck. Der am zweithäufigsten genannte Auslöser für Stress waren hohe Ansprüche an sich selbst.

Weil vor allem die Arbeit und die eigenen Ansprüche zu Stressfaktoren werden können, ordne ich dieses wichtige Thema der persönlichen Entwicklung zu und nicht der Gesundheit.

Ein stressiger Job mit hohen Anforderungen und wenig Raum für selbstständige Entscheidungen ist ein Risikofaktor für Herzinfarkte und kann laut Studien das Leben verkürzen. Sich um Longevity zu kümmern, bedeutet deshalb: das eigene Arbeitsumfeld – wenn möglich – stressärmer zu gestalten.

**Was ist Stress?**

Akuter Stress ist eine überlebenswichtige Reaktion: Wenn Gefahr droht, beschleunigt sich unser Herzschlag und unsere Atmung, die Muskeln spannen sich an, unser Blutdruck und Blutzuckerspiegel steigen. Was für den Moment weniger wichtig ist, wird runtergefahren, etwa die Verdauung. All das sorgt dafür, dass wir möglichst schnell reagieren können, wenn es auf Millisekunden ankommt.

Vor mehr als einem Jahrhundert prägte der US-amerikanische Psychologe Walter Cannon den Begriff »Fight- or Flight-Response«, der besagt, dass das autonome Nervensystem von Tieren ebenso wie von Menschen den Körper in einer akuten Bedrohungssituation auf Kampf oder Flucht vorbereitet. Später wurde das Modell ergänzt um die »Freeze«-Reaktion: einfrieren, sich möglichst unsichtbar machen, um nicht bemerkt zu werden, und so der Gefahr entgehen, ist nämlich auch eine mögliche Taktik.

Nun ist es nur leider so, dass Menschen Stress nicht nur erleben, wenn akute Gefahr droht. Allein die Aufregung im morgendlichen Berufsverkehr, der Zeitdruck vor einem wichtigen Abgabetermin, ein schnell geschnittener Actionfilm am Abend oder der Ärger über eine unangenehme private Mail kurz vom Schlafengehen löst in uns Stress aus. Fehlen Wege, um nach solchen Aufregungen wieder zu entspannen, kann dieser chronisch werden.

Ich bin in den vergangenen Jahren in einen Zustand chronischen Stresses gerutscht, ohne es richtig wahrzunehmen. Mein Unternehmen mit seinen 150 Mitarbeiterinnen und Mitarbeitern war zu einem Teil von mir geworden. Jedes erdenkliche Problem beschäftigte mich persönlich. Mein Handy war Tag und Nacht angeschaltet, selbst auf Reisen. An Wochentagen kam ich überhaupt nicht zur Ruhe, auch die Wochenenden waren gefüllt mit Arbeit. Während der Bauphase trieb mich die Sorge wegen der neuen Kredite um. Später stresste mich die Frage, ob das Restaurant ein Erfolg werden würde. Mein schlechter Schlaf machte mich noch empfindlicher gegenüber Stress. Ein Teufelskreis.

Bei Stress wird der Sympathikus aktiviert, der uns bereit macht, schnell zu reagieren. Angeregt vom Sympathikus schüttet das Nebennierenmark Adrenalin aus.

Ist der Stress nicht in kürzester Zeit ausgestanden, läuft zusätzlich ein Signal über die sogenannte Hypothalamus-Hypophysen-Nebennieren-Achse. Der Hypothalamus ist eine Hirnregion, die das Nervensystem und die Hormone miteinander verbindet. Er gibt der Hypophyse, einer Drüse im Gehirn, das Signal, Botenstoffe zu bilden, die wiederum die Nebennierenrinde dazu anregen, Kortisol auszuschütten. Es gibt noch weitere Drüsen und Botenstoffe, die bei Stress anspringen, doch so weit ins Detail müssen wir nicht gehen. Wichtig ist nur zu wissen, dass nach einer akuten Stresssituation diese Systeme schnell wieder runterfahren. Bei chronischem Stress jedoch können Cortisol, Adrenalin und ein vorherrschender Sympathikus krank machen. Die Stresshormone stören dann den Schlaf und können sogar das Entstehen einer Depression begünstigen. Außerdem wird das Immunsystem geschwächt, der Stoffwechsel gestört und die Produktion von Geschlechtshormonen gehemmt, was einem buchstäblich die Lust nehmen kann.

### Wenn die Schutzkappen des Erbguts schmelzen

Es wird wohl niemanden wundern, dass chronischer Stress mehrere der zwölf Kennzeichen des Alterns fördert. In den vergangenen Jahren wurden diverse Studien veröffentlicht, die die Zusammenhänge zeigen. Zum Teil sind es Experimente mit Mäusen, zum Teil Langzeitstudien, in denen Menschen über viele Jahre begleitet wurden.

2004 zum Beispiel fanden Forschende heraus, dass Mütter chronisch kranker Kinder, die über ein hohes Stresslevel berichteten, verkürzte Telomere hatten. Telomere sind sozusagen die Schutzkappen des Erbguts. Im Zellkern verteilt sich die DNA bei den allermeisten Menschen auf 46 Chromosomen. An ihren Enden befinden sich die Telomere, lange DNA-Sequenzen. Sie schützen den Rest des Chromosoms in etwa so wie Plastikkappen, die einen Schnürsenkel vor dem Ausfransen bewahren. Wenn sich Zellen teilen, geht das nicht spurlos an den Telomeren vorbei. Bei jeder Teilung verlieren sie etwas von ihrer Länge. So schwinden im Laufe des Lebens die Schutzkappen. Die Telomere sind dabei nur so stark wie ihr schwächstes Glied. Unterschreitet ein Telomer an einem Chromosom eine kritische Größe, geht die gesamte Zelle in einen Zustand über, in dem sie sich nicht mehr weiter teilt oder sogar zugrunde geht.

Bereits in den 1960er-Jahren, vor der Entdeckung der Telomere, fand der Altersforscher Leonard Hayflick heraus, wie oft sich menschliche Zellen im Labor maximal teilen können. Rund fünfzig Teilungen sind demnach möglich; man spricht wegen ihres Entdeckers von der Hayflick-Grenze. Einige besondere Zellen im Körper, die Stammzellen, können sich viel häufiger teilen, weil sie über ein Enzym verfügen, dass dic Telomere wieder verlängert, die Telomerase.

In der eben genannten Studie waren nicht nur die Telomere der gestressten Mütter kürzer, auch die Telomerase war weniger aktiv.

Krebszellen schaffen es oft, ihre Telomerase wieder in Gang zu bringen und sich so potenziell unendlich oft zu teilen. Dass normale Körperzellen dieses Enzym nicht besitzen, ist möglicherweise gar keine Einschränkung, sondern vielmehr ein weiterer Schutzschild vor Krebs.

Der 2024 verstorbene Hayflick hatte übrigens einen interessanten Blick auf das Alter. In einem Fachartikel aus dem Jahr 2000 entzauberte er die Faszination, die uralte Mammutbäume und Westliche Grannen-Kiefern, auch »Langlebige Kiefern« genannt, ausüben. Manche dieser Bäume gelten als mehr als 3000 oder gar 4000 Jahre alt. Hayflick nun wies darauf hin, dass die meisten der angeblich Jahrtausende alten Zellen in diesen Bäumen tot sind. Die lebenden Zellen dieser Bäume, die etwa in den Nadeln und der Wachstumsschicht stecken, seien allesamt nicht älter als dreißig Jahre, so der Wissenschaftler. Er ist der Auffassung, dass Menschen, die über dreißig Jahre alt sind und in Ehrfurcht vor einem Mammutbaum stehen, eher Respekt vor den Neuronen in ihrem eigenen Körper haben sollten, weil diese älter sind als die lebenden Zellen dieses Baumes.

Möglicherweise muss man nicht so streng wie Leonard Hayflick sein und darf beides bewundern: die majestätischen Bäume, die schon vor Jahrtausenden existierten, und die Zellen in uns, die permanent arbeiten, selbst wenn wir keinen Gedanken an sie verschwenden.

Aber zurück zu den Telomeren. Ihre Verkürzung steht als eines der Kennzeichen des Alterns in Verbindung mit diversen Krankheiten und vorzeitigem Altern. Verlängert man in Experimenten mit Mäusen deren Telomere, leben die Tiere länger. Verkürzt man sie, sterben sie eher. Die Relevanz der Telomere wurde auch im Jahr 2009 deutlich, als Elizabeth Blackburn, Carol Greider und Jack Szostak, die in den 1980er-Jahren Telomere und die Telomerase entdeckt hatten, dafür mit dem Medizin-Nobelpreis ausgezeichnet wurden.

Die Erkenntnis, dass Stress mit kürzeren Telomeren einhergeht, hat sich inzwischen in weiteren Studien bestätigt. Vermutlich zeigt sich der Dauerstress der vergangenen Jahre auch an meinen Telomeren.

Erfreulicherweise stoße ich auf eine Studie, die mich hoffen lässt: Eine Untersuchung mit gesunden älteren Frauen zeigte, dass jene, die zwar viel Stress hatten, aber Sport trieben, längere Telomere hatten als die gestressten Sportmuffel. Mit diesem Wissen schwinge ich mich gern aufs Fahrrad.

Stress wirkt sich nicht bloß auf die Telomere aus, sondern auf das gesamte Erbgut, indem er das Risiko von Erbgutschäden steigert und die zellulären Reparatursysteme hemmt. Auch die Mitochondrien, die in den Zellen die Energieproduktion übernehmen, werden von Stress in Mitleidenschaft gezogen. In Tierversuchen störte chronischer Stress die Arbeit dieser kleinen Kraftwerke, wodurch den Zellen weniger Energie zur Verfügung stand. Und Störungen der Mitochondrien zählen, wie wir wissen, ebenfalls zu den Kennzeichen des Alterns.

## Kleine Auszeiten planen

Ich habe es in meiner beruflichen Laufbahn lange geschafft, chronischem Stress zu entgehen. Bevor ich die Klinik eröffnete und noch meine Praxis führte, habe ich mich jeden Tag sehr bewusst belohnt. Oft waren es nur Kleinigkeiten, sogar scheinbar Alltägliches, wie zum Beispiel abends eine Zeit lang im Garten zu sitzen und wahrzunehmen, wie schön die Natur um mich herum ist. Doch diese kleinen Auszeiten und besonderen Momente hatten einen wichtigen Effekt, über den ich gar nicht bewusst nachgedacht habe: Sie haben mich entspannt und so chronischen Stress verhindert.

Etwa einmal im Monat bin ich für ein verlängertes Wochenende weggefahren. Oft war ich im Elsass. Das ist nicht weit weg, aber allein dadurch, dass die Menschen Französisch sprechen, hatte ich sofort das Gefühl, verreist zu sein. Dort konnte ich durchatmen.

In meinem Unternehmerrausch habe ich dann keine Zeit mehr für solche Kurzreisen gefunden. Auch die kleinen, täglichen Auszeiten habe ich mir kaum noch genommen, und wenn doch, reichten sie nicht aus, um mein Stresskarussell anzuhalten.

Das Ergebnis dieser stressigen Lebensphase ist offenbar in meinem Alterstest zu erkennen. In einem unserer Gespräche – wir haben uns mehrmals unterhalten – verrät mir der Arzt des Testanbieters, die im Test sichtbaren Veränderungen entsprächen einem

»typischen CEO-Profil«, wie sie es hin und wieder sähen: ein Leben, geprägt von Dauerstress.

Jetzt nehme ich mir wieder bewusst Auszeiten und spüre, wie gut mir diese tun. Ich kann jeder und jedem nur empfehlen, sich solche Ruhepunkte zu setzen. Mir ist klar, dass sich nicht alle Menschen erlauben können, jeden Monat ein verlängertes Wochenende wegzufahren, aber es geht auch eine Nummer kleiner. Schon ein Spaziergang in der Natur kann den Stresslevel nachweislich senken. Je nach Lebenssituation unterscheiden sich die Auslöser und die Wege raus aus dem Stress.

### Das eigene Zeitbudget kennen

Wie unterschiedlich unsere Lebensentwürfe sein mögen, eines ist bei allen Menschen gleich: Wer tagtäglich zu viel auf dem Zettel hat, ist unweigerlich gestresst. Ein ehrlicher Blick auf Zeit und Aufgaben stellt deshalb den ersten Schritt dar, um Stress entgegenzuwirken.

Manchmal gebe ich Seminare für Ärztinnen und Ärzte, die sich selbstständig machen wollen. Für eine Übung verteile ich gern Poker-Chips. Alle bekommen je 24 Stück, einen für jede Stunde des Tages. Dazu einen Zettel, um aufzuschreiben, welche Aufgaben anstehen und wie die Chips entsprechend verteilt werden.

Sieben Chips werden die meisten gleich fürs Schlafen weglegen. Für Essen und Hygiene werden mindestens zwei weitere zur Seite geschoben. Wer Kinder hat, legt noch mehr Chips weg. Da die meisten der Seminarteilnehmenden arbeiten, stehen weitere acht Chips nicht mehr zur Verfügung.

Oft spreche ich mit Ärztinnen, die eine Praxis eröffnen wollen oder an weitere Standorte denken. Manche sind alleinerziehend oder übernehmen in der Partnerschaft den größeren Teil der Kinderbetreuung. Bei einigen kommen zeitaufwendige Hobbys dazu.

In der Regel stehen noch wichtige Aufgaben auf dem Zettel, wenn die Chips längst aufgebraucht sind. Die Übung zeigt, was für einen unmöglichen Spagat sie vorhaben, wenn sie mit diesem Zeitbudget gründen wollen.

Meist meldet sich im Seminar jemand und wirft ein, er würde ja Leute einstellen, die die Arbeit übernehmen. So wären also einige Chips wieder frei verfügbar. Darauf kann ich nur antworten: Träum weiter. Ein Unternehmen baut sich nicht wie von Zauberhand auf, nur indem man Angestellte findet. Man muss selbst da sein und gestalten. Das kostet Zeit. Außerdem gibt es viele Entscheidungen, die die Angestellten einem nicht abnehmen können. Und abgesehen davon muss man es sich erst einmal leisten können, jemanden anzustellen.

Vor einem Schritt wie einer Unternehmensgründung ehrlich auf das eigene Zeitbudget zu schauen, halte ich für unerlässlich. So lässt sich vermeiden, in eine Situation zu geraten, die von chronischem Stress geprägt ist. Doch natürlich ist die Übung nicht nur in dieser Frage hilfreich. Sie kann auch helfen, zu verstehen, warum im Alltag die Zeit vorne und hinten nicht reicht.

## Macht Stress graue Haare?

Wer gestresst ist, bekommt graue Haare, sagt man. Da ist tatsächlich etwas Wahres dran. Gut erforscht ist dieser Prozess bislang noch nicht, doch aus Experimenten mit Mäusen weiß man, dass akuter Stress die Stammzellen im Haarfollikel erschöpft, aus denen die sogenannten Melanozyten entstehen. Die wiederum geben Haaren die Farbe. Ohne Melanozyten sind Haare grau beziehungsweise weiß. Bei den Mäusen reagierten die Stammzellen auf einen der bei Stress ausgeschütteten Botenstoffe, Noradrenalin. Sie teilten sich, bis sie zugrunde gingen. Bei Menschen ist der Prozess deutlich schwerer zu untersuchen, aber das Tierexperiment gibt einen Hinweis darauf, warum Stress uns frühzeitig ergrauen lässt. Dessen ungeachtet ist der Umstand, wann die Haare ihre Farbe verlieren, größtenteils genetisch bedingt.

### Meditation und andere Methoden, Stress zu reduzieren

Wie kommt man am besten raus aus chronischem Stress? Oft wird Meditation angepriesen als Möglichkeit, bewusster durch den Alltag zu gehen und dadurch Stress zu mindern. Bisher war dafür in meinem Leben kein Platz, ich dachte immer, Meditation sei nichts für mich. Aber nun will ich es ausprobieren. Ich beginne mit dem Versuch, mir mit Meditations-Apps mehr Ruhe vor dem Einschlafen zu verschaffen: Während eine Stimme bei leichtem Meeresrauschen vor sich hin säuselt, probiere ich, besser runterzukommen. Mal hilft es, mal eher nicht.

Dann versuche ich, aktiv zu meditieren, ebenfalls mit einer Anleitung per App. In einer Übung geht es darum, mich fünf Minuten nur auf meine Atmung zu konzentrieren und an nichts zu denken. Einatmen, ausatmen. Ich denke an dieses und jenes. Einatmen, ausatmen. Ich kann meine Gedanken nicht abstellen. Einatmen, ausatmen. Das klappt nicht, denke ich. Mir fällt es wahnsinnig schwer, an nichts zu denken. Nach zwei, drei Wochen gebe ich mich geschlagen. Garantiert werden mir Meditationsprofis nun entgegnen, das sei reine Übungssache und ich müsse nur länger durchhalten. Mag sein. Doch für mich steht fest: Zum Meditieren finde ich keinen Zugang. Niemand kann alles, und ich kann eben nicht meditieren. Meine Erfahrung ist, dass ich damit nicht allein bin. Wenn ich in einer Runde erzähle, dass es bei mir mit dem Meditieren nicht geklappt hat, pflichtet mir garantiert jemand bei, es ähnlich erlebt zu haben.

Kleinere Studien mit Menschen, die ihr Leben lang intensiv meditieren, zeigen auffällige, positive Veränderungen. Aber ihren

Status würde ich sowieso nicht mehr erreichen können. In einer europäischen Studie wurden drei Gruppen von über 65-Jährigen verglichen: Eine Gruppe nahm 18 Monate lang an Meditationskursen teil, eine zweite ging in einen Fremdsprachenkurs, eine Kontrollgruppe machte nichts dergleichen. Die Forschenden überprüften, ob nach dieser Zeit bestimmte Hirnregionen größer oder besser durchblutet waren. Nach Studienende gab es jedoch keine signifikanten Unterschiede zwischen den Gruppen.

Was der Vergleich von Meditation und dem Lernen einer Fremdsprache nebenbei schön illustriert: Beides kostet Zeit, entscheidet man sich fürs Meditieren, fällt etwas anderes weg. Vielleicht ist es für die eine Person viel lohnender, eine Fremdsprache zu lernen und dann in das Land zu reisen, während die andere lieber meditiert?

Als ich im Frühjahr mit dem Radfahren beginne, merke ich, dass dies meine Entspannungstechnik ist. Beim Sport in der Natur kann ich mich vergessen, ich kann alles ausblenden und richtig abschalten.

Im Sommer bin ich eine Woche auf einer Kreuzfahrt vor den griechischen Inseln unterwegs. Als Jugendlicher war ich ein guter Basketballspieler, doch nach dem Unfall hatte ich nie wieder einen Basketball in der Hand. Sprinten, stoppen, die nötige Geschwindigkeit und die abrupten Bewegungen – all das ist mit der Prothese unmöglich. Auf dem Oberdeck ist ein Basketballfeld. Zum Glück ist niemand anderes da, daher schnappe ich mir den Ball und nach einigen Würfen und Dribblings merke ich, dass ich diese Bewegungsabläufe immer noch beherrsche. Mein Körper hat sie sich gemerkt. Nur Sprinten und Springen lasse ich lieber. Das Gefühl, das ich mit siebzehn Jahren beim Basketballspielen hatte, ist zurück. Ich vergesse meine Umgebung und die Zeit, genieße einfach den Moment. Wahrscheinlich ist das genau der Zustand, den man überall als Achtsamkeit anpreist. Ich muss nur auf meinem Weg dorthin gelangen.

Nach und nach gesellen sich andere Kreuzfahrtgäste dazu und wir haben riesigen Spaß zusammen. Ich frage mich, ob es nicht vielen Menschen, die mit vierzig, fünfzig oder sechzig Jahren mitten in lauter Verpflichtungen von Beruf und Familie stecken, helfen würde, bewusst eine Leidenschaft oder ein Hobby aus Jugendzeiten wiederaufleben zu lassen. Ob das nun Sport ist, Kunst oder ein gemeinsames Wochenende mit alten Freunden.

Eine weitere kleine, aber besondere Änderung verschönert nun meinen Alltag: Manchmal lasse ich bewusst Langeweile zu. Die meisten Menschen greifen inzwischen in jeder freien Sekunde zu ihrem Smartphone oder einem anderen Gerät. Statt einen Moment der Leere zu ertragen, scrollen sie durch ihre Timelines oder lenken sich sonst wie ab. Da auch ich diesem Impuls immer wieder nachgegeben habe, achte ich ab jetzt darauf, mich in Momenten ohne Agenda nicht sofort abzulenken. Das ist erst einmal anstrengend, aber es lohnt sich. Die Gedanken wandern in diesen Pausen bisweilen auf überraschenden Pfaden.

## Nicht über Kleinigkeiten aufregen!

Manchen Stress machen wir uns völlig unnötig, zum Beispiel, wenn wir uns über Nichtigkeiten aufregen. Vermutlich fallen jedem sofort ein paar Situationen aus dem Alltag ein. Die gerade auf Rot gesprungene Ampel. Die lange Schlange an der Supermarktkasse. Winzige Ärgernisse, die im Nu vorbeigezogen sein könnten, die uns aber fürchterlich stressen, weil wir uns damit aufhalten.

Aus meiner Zeit im Kalafong Hospital in Südafrika hat sich einiges für immer in mein Gedächtnis gebrannt. Einen besonderen Platz in meiner Erinnerung nimmt ein kleiner Junge ein. Er war vier Jahre alt, seine Mutter hatte ihn ins Krankenhaus gebracht. Sie war drei Tage gelaufen, um zu uns zu gelangenn, und ging sofort wieder, weil sie den Rest ihrer Familie versorgen musste. Der Junge hatte eine schwere Verbrennung erlitten, die wir versorgten. Über längere Zeit lag er bandagiert in einem leeren Schlafsaal. Er klagte nie. Tagsüber saß er auf dem Boden und spielte mit Hühnerknochen. Inmitten dieses für mich kaum erträglichen Zustands bewahrte das Kind die Ruhe und kam klar.

Manchmal, wenn ich mich sinnlos aufrege, etwa über einen nervigen Anruf bei einer Telefonhotline, kann ich bei dem Gedanken an den Jungen über mich selbst den Kopf schütteln – und aufhören, mich zu beschweren und damit mich selbst und mein Umfeld zu stressen.

Konkret hilft es mir auch, mich in solchen Momenten zu fragen, ob mich das, was da gerade passiert ist, noch in einer Woche beeinträchtigen wird. Falls nicht, ist es den Stress nicht wert.

Ich muss zugeben, dass mir das nicht immer und in jeder Situation gelingt. Es kommt vor, dass der Ärger schon hochgekocht ist, ehe ich merke, wie unangebracht die Reaktion ist. Ich bin eben auch kein Heiliger. Doch wenn ich in neun von zehn Fällen gelassen bleibe, habe ich mir 90 Prozent des Stresses erspart.

## Gelassen bessere Entscheidungen treffen

Das Stresslevel zu senken hat einen weiteren Vorteil: Es hilft dabei, bessere Entscheidungen zu treffen!

Schon 2012 stellten Wissenschaftler mithilfe eines Experiments fest, dass Studierende, die in einer Prüfungsphase im Stress steckten, schlechtere Entscheidungen trafen als ihre weniger gestressten Kommilitonen. Statt entsprechend eines Ziels zu agieren, fielen sie in dem Experiment auf zuvor gelernte Gewohnheiten zurück. Mehrere Studien mit Mäusen zeigten Ähnliches: Gestresste Tiere folgten Gewohnheiten, anstatt sich in einer veränderten Situation schlau anzupassen, wie es entspanntere Artgenossen tun.

In meiner extrem gestressten Phase war ich allein schon durch den Schlafmangel schlecht drauf. Ich war launisch und oft viel zu ungeduldig. Rückblickend habe ich eine Reihe schlechter Entscheidungen getroffen. Wenn ich zum Beispiel auf die Einstellungsgespräche in dieser Phase blicke, habe ich diese weder mit der Konzentration noch mit der Abgeklärtheit geführt, die angemessen gewesen wäre.

Seit ich wieder besser schlafe, merke ich, dass es deutlich länger dauert, ehe ich mich gestresst fühle. Ausgeschlafen lässt sich vieles besser wegstecken. Auch Sport hilft mir, gelassen zu bleiben. Und natürlich die Entscheidung, beruflich kürzerzutreten. Mithilfe dieser drei Änderungen in meinem Leben kann ich mich außerdem schneller wieder daran erinnern, wie sinnlos es ist, sich über Kleinigkeiten aufzuregen.

## Meine Anti-Stress-Tipps

» Das eigene Zeitbudget prüfen: Welche Zeitfresser können weg? Wir nehmen uns meistens viel mehr vor, als wir schaffen können.

» Sport und Bewegung lösen Stress.

» Beziehungen pflegen, um sich bei Stress gegenseitig zu unterstützen.

» In akuten Stressmomenten die Frage stellen: Wird mich das noch in einer Woche beschäftigen?

» Einen Hund streicheln, das entstresst immer. Sich bewusste Auszeiten gönnen, wenn möglich in der Natur.

# SÄULE 3

# BEZIEHUNGEN

## INVESTIERE IN ERINNERUNGEN: WIE GUTE BEZIEHUNGEN JUNG HALTEN

Als ich mir die drei Säulen aufgemalt hatte, auf deren Basis für mich ein gutes Leben steht, dachte ich zunächst vor allem über zwei davon nach: Gesundheit und persönliche Entwicklung. Für meine Gesundheit wollte ich mehr tun, das war mir klar, und ich wollte im Job kürzertreten, Beides beschäftigte mich im ersten Halbjahr nach dem Test intensiv.

Die dritte Säule ist, davon bin ich überzeugt, jedoch genauso wichtig: meine Beziehungen. Ohne sie haben die beiden anderen kaum einen Wert. Denn was habe ich davon, kerngesund und erfolgreich zu sein, wenn die Menschen fehlen, mit denen ich mein Glück teilen kann?

Abgesehen davon beeinflussen die drei Säulen sich gegenseitig. Der Effekt von Beziehungen auf die Gesundheit ist tatsächlich enorm. Im Jahr 2010 werteten Forschende Daten aus 148 Studien aus, in denen Beziehungen ebenso untersucht wurden wie das Risiko, während des Studienzeitraums zu sterben. Die Untersuchungen fanden in Europa, Nordamerika, Asien und Australien statt, in manchen wurden Menschen mit Vorerkrankungen oder in medizinischer Behandlung befragt, in anderen waren es Stichproben der Allgemeinbevölkerung.

Das Fazit: Menschen mit einem guten sozialen Netzwerk hatten ein um 50 Prozent verringertes Sterberisiko. Das ist enorm. Mit dem Rauchen aufzuhören, sich ausreichend zu bewegen und Übergewicht zu vermeiden: Diese Lebensstilveränderungen beeinflussen alle, wie lange wir gesund leben. Beziehungen jedoch haben einen ebenso großen, zum Teil sogar größeren Effekt! Als der Fachartikel erschien, stand in einem begleitenden Text, dass Ergebnisse wie diese sehr dafür sprechen, dass Gesellschaften grundlegend überdenken müssen, wie sie über die medizinischen Ursachen von Krankheiten hinausblicken, um Gesundheit und Wohlbefinden zu fördern.

Eine weitere Arbeit, in der das Gegenteil untersucht wurde, nämlich wie Einsamkeit und soziale Isolation die Wahrscheinlichkeit erhöhen, innerhalb des Studienzeitraums zu sterben, kam 2015 zu einem um rund 30 Prozent gesteigerten Risiko.

Bei einer Befragung in Deutschland im Jahr 2024 gaben 4 Prozent der Menschen an, sie würden sich häufig einsam fühlen, 13 Prozent sagten, sie seien es manchmal. Ebenfalls 2024 wurden Menschen in den USA gefragt, ob sie sich am Tag vorher sehr einsam gefühlt hätten. 20 Prozent antworteten mit ja – jeder Fünfte! Einsamkeit kann jeden treffen.

Einsamkeit und soziale Isolation sind übrigens nicht dasselbe. Einsamkeit bezeichnet das negative Gefühl, bei dem die Beziehungen hinter den eigenen Wünschen und Vorstellungen zurückbleiben. Menschen können trotz Gesellschaft einsam sein, wenn sie sich unverstanden und nicht gesehen fühlen. Das ist bestimmt vielen schon irgendwann im Leben mal so ergangen. Soziale Isolation bezeichnet dagegen das Fehlen von Kontakten, das Alleinsein. Wer allein ist, kann sich einsam fühlen, muss es aber nicht. Wenn ich auf mein Leben zurückblicke, war ich im Grunde nie sozial isoliert, habe mich aber manchmal in den falschen Beziehungen oder Freundschaften einsam gefühlt.

Dass Einsamkeit von der Medizin nicht stärker in den Fokus genommen wird, ist erstaunlich, da sie für viele Erkrankungen ein Risikofaktor zu sein scheint. Eine Studienübersicht kam zu dem Ergebnis, dass Menschen, die sich einsam fühlen, ein rund 30 Prozent höheres Risiko für eine koronare Herzkrankheit oder einen Schlaganfall haben. Auch die Gefahr einer Demenz erhöht sich um rund 30 Prozent, berichteten Forschende 2024 nach dem Sichten von Studien, an denen insgesamt mehr als 600 000 Menschen teilgenommen hatten. Das sei vergleichbar mit dem Effekt von Rauchen oder fehlender Bewegung, heißt es in der Arbeit. Auch das Risiko, an einer Depression zu erkranken, steigt, wenn man sich einsam fühlt. Sogar das Risiko, infolge von Krebs zu sterben, ist bei einsamen oder sozial isolierten Menschen höher.

Ich bin froh, dass ich meine Reise, mich biologisch zu verjüngen, ganzheitlich angegangen bin. Statt mich verbissen allein in ein Sportprogramm zu stürzen oder aufgrund strenger Ernährungsregeln Abendessen mit Freundinnen und Freunden abzusagen, habe ich meine Beziehungen weiter gepflegt und sogar vertieft. Da bin ich offensichtlich auf dem richtigen Weg, wenn ich mir die Forschung zu sozialen Kontakten und Gesundheit ansehe.

Ich denke, dass wir dazu neigen, Themen zu eindimensional zu betrachten. Das fällt mir auch bei der Auseinandersetzung mit Longevity auf, wo oft der Fokus auf Selbstoptimierung und Performance gelegt wird und das Leben und seine Vielfalt vergessen werden. Aus meiner Sicht sind Longevity-Programme nur gut, wenn sie berücksichtigen, dass Beziehungen mit das Wichtigste im Leben sind.

Wenn ich etwas Gutes oder Schlechtes erlebe, habe ich fast immer den Drang, mich dazu mit den Menschen, die mir wichtig sind, auszutauschen. Die Freude ist dann doppelt so groß und etwas Negatives tut nur noch halb so weh, wenn ich es mit einem geliebten Menschen teilen kann. Einer der Gründe, warum ich ein Unternehmen aufbauen konnte, ist sicher, dass ich die meiste Zeit davon in stimmigen Beziehungen und Freundschaften gelebt habe, die mir den Rücken gestärkt oder sogar freigehalten haben und gleichzeitig Verständnis hatten, dass ich sehr viel Zeit in die Arbeit investierte.

Dass ich mich dem Thema Beziehungen erst so spät in diesem

Buch widme, hängt daher mit dem schönen Umstand zusammen, dass bei mir in dieser Hinsicht das meiste im Lot ist.

## Mich prägt das Beziehungsende meiner Eltern

Bis heute brauche ich in einer Beziehung allerdings viel Freiraum. Zu heiraten und mit einer Frau eine Familie zu gründen, habe ich nie in Erwägung gezogen. Ich glaube, die Scheidung meiner Eltern hat mich stark geprägt. Ich war am Übergang von Kindheit zu Jugend, als die Beziehung meiner Eltern zerbrach, und musste miterleben, wie sehr alle darunter litten. Mir ist bewusst, dass die Trennung und die Krebserkrankung meines Vaters nicht miteinander zusammenhängen. Aber das Gefühl, dass eine enge Bindung ein solch katastrophales Ende nehmen kann und deshalb riskant ist, hat sich bei mir eingegraben.

Ich habe mir immer Mühe gegeben, ehrlich zu kommunizieren, was eine Partnerin von mir erwarten kann und was nicht. Für mich fühlt es sich nicht als Nachteil an, dass ich kinderlos geblieben bin. Wenn ich sehe, was junge Eltern alles aufgeben, muss ich ehrlich sagen, dass das nicht meiner Vorstellung von einem glücklichen Leben entspricht. Ich schätze die Freiheiten, die ich habe. Sicher werden Eltern mir sofort innerlich widersprechen, weil ihnen ihre Kinder ja ungleich wichtiger sind als jeder Spontanurlaub. Das stelle ich nicht in Abrede. Mein Lebensentwurf unterscheidet sich von dem vieler Menschen. Das ist in Ordnung.

## Die schönsten Momente im Berufsleben

Wenn ich darüber nachdenke, verbindet die besonders schönen Momente meiner beruflichen Laufbahn, dass Beziehungen darin die wichtigste Rolle spielen.

Ich erinnere mich zum Beispiel an eine Patientin, die mit Ende zwanzig zu mir kam. Sie war attraktiv und modisch gekleidet, nur ihre Frisur passte nichts ins Bild: Die Haare hatte sie zu einem Pferdeschwanz gebunden, auf ihre Stirn fiel ein viel zu gewaltiger Pony. Unter diesem versteckte sie ein großes, auffälliges Pigmentmal, das sich quer über die Stirn zog, ein sogenannter epidermaler Nävus. Als Kind und Jugendliche war sie deswegen gehänselt worden, als Erwachsene musste sie ständige Fragen hinnehmen, wenn sie das Mal offen zeigte. Das Entfernen des Nävus per Laser gab ihr ein besseres Lebensgefühl. Bei jeder Nachkontrolle trug sie eine neue Frisur. Ich freute mich jedes Mal, wenn ich sehen konnte, wie sie mit neuem Selbstbewusstsein ihre Haare anders gestylt hatte. Obwohl wir nur rein beruflich aufeinandertrafen, hatten wir eine Verbindung zueinander.

So geht es mir mit vielen Patientinnen und Patienten. Mit jedem Menschen, den ich als Arzt behandelt habe, habe ich als Erstes über etwas Privates gesprochen, anstatt sofort mit der Medizin einzusteigen. Ich habe mir auch immer die Zeit genommen, etwas aus dem ersten Gespräch zu notieren. Beim zweiten Termin fragte ich dann, wie es der Tochter geht, die gerade ein Schuljahr in den USA verbringt, ob der Vater sich besser im Pflegeheim eingelebt hat oder was auch immer. Auf diese Weise entstanden eine angenehme Gesprächsatmosphäre und eine vertrauensvolle Beziehung.

## Beziehungen beeinflussen das Immunsystem

Harmonische Beziehungen und ein guter Freundeskreis können einem ein wunderbares Gefühl der Dazugehörigkeit und Verbindung geben, wenn Freundinnen und Freunde sich gegenseitig unterstützen und Anteil am Leben der anderen nehmen. Interessanterweise hat das offensichtlich nicht nur Auswirkungen auf unser Wohlbefinden und die Psyche, sondern eben auch auf den Körper und die Gesundheit. In zahlreichen Studien wurde nicht mehr nur geschaut, ob Einsamkeit beziehungsweise gute Netzwerke der Gesundheit schaden oder sie fördern, sondern auf welchem biologischen Weg sie dies tun.

2023 etwa erschien eine Arbeit, für die gut 4000 Menschen in den USA untersucht wurden, die mindestens fünfzig Jahre alt waren. Sie alle hatten im Rahmen einer größeren Studie Blut gespendet, sodass die Forschenden ihr biologisches Alter anhand epigenetischer Marker bestimmen konnten. Zudem hatten sie alle zwei Jahre Auskunft darüber gegeben, wie es um ihre Beziehungen stand, also unter anderem, welche Unterstützung – und auch welchen Stress – sie durch Partnerinnen und Partner, Familie und Freundinnen und Freunde erfuhren. Das Ergebnis: Wer keine engen Beziehungen pflegte oder sich durch sein soziales Umfeld mehr gestresst als unterstützt fühlte, hatte tendenziell ein höheres biologisches Alter.

Die Forschung geht davon aus, dass erfüllte Beziehungen das Immunsystem gleichermaßen beeinflussen wie Einsamkeit, soziale Isolation und Beziehungsstress. Ob wir also chronische Entzündungen entwickeln, hängt auch von unserem sozialen Umfeld ab.

Ein Studienüberblick aus dem Jahr 2018 zeigt, dass Menschen, die sich sozial gut eingebunden und unterstützt fühlen, weniger entzündungsfördernde Cytokine ausschütten. Cytokine sind eine Gruppe von Botenstoffen, die vor allem das Immunsystem beeinflussen. Eine Arbeit, die sich auf die Geschlechterunterschiede konzentrierte, kam zum Schluss, dass Einsamkeit bei Männern chronische Entzündungen noch stärker fördert als bei Frauen. Über den negativen Einfluss chronischer Entzündungen habe ich schon einiges erzählt, nicht zuletzt über das mit dem Alter verbundene Inflammaging. Diverse Krankheiten werden durch diese Prozesse angetrieben.

Einige Studien, die theoretisch plausibel erscheinende Zusammenhänge prüften, konnten diese in der Praxis nicht bestätigen. Beispielsweise haben Menschen, die sich sozial gut unterstützt fühlen, keinen niedrigeren Blutdruck – sie werden also wohl nicht auf diese Weise vor Herz-Kreislauf-Leiden geschützt. Und ihr Immunsystem bildet nach einer Impfung auch nicht unbedingt mehr Antikörper, was eine erwünschte Folge wäre. Allerdings schlafen sie im Schnitt besser, was ja wiederum die Gesundheit fördert.

Dass Einsamkeit und Beziehungen aufs Immunsystem wirken, lässt sich laut einer wissenschaftlichen Hypothese evolutionär erklären. Wer allein war, hatte ein höheres Risiko, verwundet zu werden. Die schon erwähnten, bei Isolation stärker ausgeschütteten Cytokine, die Entzündungsprozesse fördern, haben den positiven Effekt, die Wundheilung zu verbessern. Zudem wappnen sie einen stärker gegen mögliche bakterielle Infektionen. Was vermutlich eine sinnvolle Reaktion in einer akuten Notsituation des Alleinseins war, kann bei andauernder Einsamkeit heutzutage chronische Entzündungen anheizen und so Alterungsprozesse beschleunigen und Krankheiten fördern.

Auch zwei Studien mit Kindern und Jugendlichen unterstreichen den Zusammenhang: In der einen wurden Kinder und Jugendliche mit Asthma regelmäßig befragt und untersucht, in der anderen waren es weibliche Jugendliche mit einem erhöhten Risiko, erstmals im Leben eine depressive Episode zu erleiden. In beiden Studien fragte das Forscherteam, ob die Teilnehmenden eine soziale Zurückweisung erlebt hatten, etwa eine Trennung oder den Ausschluss aus einer Gruppe. In beiden Studien waren erlebte Zurückweisungen damit verbunden, dass Gene für entzündungsfördernde beziehungsweise entzündungshemmende Botenstoffe unterschiedlich stark aktiv wurden.

Die Forschung zu Einsamkeit und Beziehungen hat vor allem auf die An- und Abwesenheit von Kontakten und sozialer Unterstützung geschaut – etwa indem man ermittelte, ob Menschen allein leben oder verheiratet sind, oder sie konkret fragte, ob sie sich einsam fühlten oder sozial gut eingebettet.

Doch auch vorwiegend negative Beziehungen haben Forschende untersucht, etwa jene zu dem Familienmitglied, mit dem man sich immer nur streitet, oder Partnerschaften, die längst in die Brüche gegangen sind, während beide darin verharren. Auch hier zeigte sich, dass der negative Stress körperliche Folgen hatte, indem er das sogenannte Inflammaging und damit das vorzeitige Altern förderte. Ich habe schon in Beziehungen gelebt, die vor allem Stress bedeuteten, und weiß daher aus eigener Erfahrung: Wenn beide ständig angespannt sind, die gesamte Energie in eskalierenden Streit oder den Versuch von Konfliktbewältigung fließt, strahlt das auf die anderen Lebensbereiche ab. Ich habe es in solchen Situationen geschafft, irgendwann einen Schlussstrich zu ziehen.

### Ist es Zeit für die Diagnose »Einsamkeit«?

Obwohl Einsamkeit ein derart großer Risikofaktor für zahlreiche Krankheiten ist, gibt es keine medizinische Diagnose »Einsamkeit«. Möglicherweise würde etwas in der Art helfen, damit Ärztinnen und Ärzte stärker darauf achten, ob bei jemandem dieser Risikofaktor vorliegt. Die Medizin beziehungsweise die Psychotherapie kann etwas zum Kampf gegen Einsamkeit beitragen, wie die neuere Forschung belegt: So konnten schwedische Forscher zeigen, dass eine via Internet durchgeführte kognitive Verhaltenstherapie das Gefühl von Einsamkeit bei den Betroffenen senkte, ihre Lebensqualität verbesserte und ihre depressiven Symptome minderte.

Grundsätzlich ist ein Gegensteuern bei Einsamkeit aber mehr eine gesellschaftliche und eine persönliche als eine medizinische Aufgabe. Als positives Ergebnis der Befragung zur Einsamkeit in

Deutschland habe ich mitgenommen, dass die meisten Menschen sich selten oder nie einsam fühlen. Sie pflegen offensichtlich Beziehungen, mit denen sie zufrieden sind.

Ich selbst kann mich an keine Situation in meinem Leben erinnern, in der ich mir mehr Kontakte gewünscht hätte, als ich hatte, oder aktiv neue gesucht hätte. Trotzdem habe ich oft Menschen kennengelernt, etwa wenn ich zum Sport, auf ein Konzert oder ein anderes Event gegangen bin. Ich war dann aber nicht unterwegs, um Kontakte zu knüpfen, sondern um Sport zu treiben, Musik zu hören und so weiter. Und falls ich bei einer Veranstaltung keine neuen Kontakte geknüpft habe, war das okay.

Seit ich die Klinik führe, ist mir zunehmend bewusst geworden, dass das Leiten eines Unternehmens einsam machen kann. Wer nicht in derselben Situation ist, kann einige von meinen täglichen Themen und Sorgen vermutlich kaum nachvollziehen. Treffe ich zum Beispiel eine unpopuläre Entscheidung, stehe ich allein dafür gerade. Wer selbst plant, ein Unternehmen zu gründen, sollte sich dieses Risikos bewusst sein. Meine Beziehungen im Privaten sind so stabil und gut, dass ich nicht Gefahr laufe, zu vereinsamen, aber ich kann mir vorstellen, dass dies manchem Firmeninhaber und mancher Gründerin passiert.

Wenn Menschen vom großen Geld träumen und sich keine Gedanken darüber gemacht haben, wie sie gute Beziehungen aufbauen und pflegen können, kann ich zu einem Gedankenspiel raten: Stell dir vor, du bist superreich und kaufst dir eine Luxusjacht mit allem, was du dir vorstellen kannst: Pool, Tennisplatz, Sauna, Spa, Jetski, Top-Küche mit erlesenem Essen. Eine Jacht, wie sie sich nur Milliardäre leisten können. Und nun stell dir vor, du bist dort – allein. Es ist niemand da, nicht einmal Personal, denn die nötigen Aufgaben erledigen Maschinen. Du kannst jetzt all die teuren Einrichtungen nutzen, fantastisch essen und trinken und es dir gut gehen lassen. Allein. Was meinst du, wie lange würdest du es auf der Jacht aushalten?

Und nun stell dir etwas anderes vor: Du bist mit den drei, vier Menschen unterwegs, die dir am wichtigsten im Leben sind. Nicht auf dieser Luxusjacht, sondern ihr wandert zu einem See, geht dort baden und picknickt. Ihr esst nichts Besonderes, einfach das, was ihr mitgebracht habt. Ihr plaudert, lacht zusammen und schaut euch an, wie die Sonne langsam untergeht. Der Tag am See hat praktisch kein Geld gekostet.

Wo wärst du lieber? Allein auf der Jacht oder mit deinen Liebsten am See?

Wer gesund älter werden und dabei glücklicher leben will, dem kann ich nur raten, Zeit und Energie in Beziehungen zu investieren, egal, ob Familie, Partnerschaft oder Freundschaften im Vordergrund stehen.

Doch obwohl ich jetzt vieles über die gesundheitsfördernden Effekte von guten Beziehungen erzählt habe, sind diese nur ein Nebenaspekt von dem, was Beziehungen so wertvoll macht. Ich vermute, niemand sucht sich Freunde mit dem Gedanken, dadurch gesünder zu werden oder die Cytokinausschüttung zu beeinflussen!

Beziehungen sind eine der drei Säulen, die aus meiner Sicht ein gelungenes Leben tragen. Der Satz meines Vaters, »Investiere in Erinnerungen« begleitet mich schon lange und hat nichts von seiner Gültigkeit verloren. Das ist die Essenz des Lebens: Die schönen Ereignisse sind gemeinsam erlebt doppelt so schön, die weniger schönen nur halb so schlimm.

In einer interessanten experimentellen Studie ließen sich die vierzig Teilnehmer darauf ein, einmal zehn Stunden zu fasten und zu einem anderen Zeitpunkt zehn Stunden sozial isoliert zu sein – ohne direkten oder digitalen Kontakt. Anschließend wurde bei den Probanden mittels funktioneller Magnetresonanztomografie untersucht, welche Bereiche des Gehirns gerade besonders aktiv sind. So wie sich nach dem Fasten ein verstärktes Verlangen nach Essen zeigte, offenbarte sich nach der Isolation eines nach sozialem Kontakt.

### Wie Paula in mein Leben kam

Neben den Beziehungen zu Menschen sind mir die zu meinen Hunden lieb und teuer.

Als ich in einer Stuttgarter Klinik arbeitete, das wird etwa im Jahr 2005 gewesen sein, habe ich mir zusammen mit meiner damaligen Freundin einen Chihuahua gekauft. Sie wollte den Hund mehr als ich. Wir nannten ihn Poldi, weil ich ein großer Fan von Lukas Podolski war. Ich fand nicht nur Poldis linke Klebe beeindruckend (wer sich mit Fußball nicht auskennt: Klebe meint die große Schusskraft), sondern er war und ist dazu einfach ein super Typ. Die Beziehung ging in die Brüche, Poldi blieb bei mir.

Weil in der Klinik alle wussten, dass ich einen Hund hatte, sprach man mich an, als ein kleiner Hund im Müll (!) gefunden wurde. So kam Paula in mein Leben, ein Rehpinscher oder Rehpinschermischling. Wahrscheinlich wurde Paula in Osteuropa unter fürchterlichen Bedingungen gezüchtet und dann hier via Internet verkauft. Ein Schicksal, das leider viele Hunde teilen. Ob sich niemand fand, der Paula kaufen wollte, oder ob sie die Erwartungen des Käufers oder der Käuferin enttäuschte, weiß ich nicht. Nur, dass sie achtlos in den Müll geworfen worden war, als wäre sie ein Gegenstand.

Paula hat mich gut 18,5 Jahre begleitet. Sie hatte einen starken Charakter; Paula wusste immer, was sie wollte und was nicht. Obwohl sie eine der Kleinsten in meinem Hunderudel war, war sie viele Jahre lang die Chefin! Ich liebte Paula innig – und sie mich.

Als sie einmal länger beim Tierarzt bleiben musste, warnte ich das Team: Sie sollten Paula auf keinen Fall von der Leine zu lassen, weil sie loslaufen würde, um mich zu suchen. Mein Hinweis wurde ignoriert, Paula stürmte davon. Ich setzte Himmel und Hölle in Bewegung, um sie zu finden, und bangte zwei Tage um ihr Leben! Zum Glück wurde sie wohlauf in einem Waldstück gefunden und lebte eine weitere Dekade glücklich mit mir. Paula starb im Oktober 2023. Sie fehlt mir immer noch jeden Tag, und es bewegt mich, hier von ihr zu erzählen.

Durch Paula wurde mir bewusst, in welchem Elend viele Hunde leben müssen. Seit ich sie aufgenommen habe, engagiere ich mich für den Tierschutz und ermutige andere Menschen, einen Hund zu adoptieren.

Wer mir seinen schicken Rassehund vorführt, kann mich damit nicht beeindrucken. Warum muss es ein Hund vom Züchter sein? Hunde sind Lebewesen mit Gefühlen und ganz viel Liebe, keine Modeartikel oder Gadgets. Mich beeindruckt auch niemand mit seiner teuren Handtasche, aber die hat wenigstens kein Problem damit, wenn sie irgendwann out ist und keine Beachtung mehr findet.

Beeindruckt bin ich vielmehr von all jenen Menschen, die einen Hund aus dem Tierschutz bei sich aufnehmen. In Tierheimen leben so viele Tiere, die auf ein neues Zuhause warten. Aus meiner Sicht ist es egal, ob diese Hunde einer bestimmten Rasse angehören, hübsch anzusehen sind oder was auch immer: Was zählt, ist, dass sie ihr großes Herz ihrem neuen Menschen schenken werden, garantiert.

## SO ARBEITE ICH AN MEINEN BEZIEHUNGEN

Ich habe schon erzählt, dass ich in meinem Meeting mit mir selbst auch über Beziehungen nachdenke und dass ich mir vorgenommen habe, Treffen mit Menschen konsequenter abzusagen, wenn wir uns nicht (mehr) viel zu sagen haben. Selbst wenn es ehemals gute Freundinnen oder Freunde waren. Das ist leichter gesagt als getan, denn ich will niemanden verletzen! Trotzdem versuche ich, in so einer Situation ehrlich zu sein. Das mag dem anderen erst einmal wehtun, aber was wäre die Alternative, wenn es nicht so weitergehen soll? Sich einfach nicht mehr zu melden oder jedes Treffen mit vorgeschobenen Argumenten absagen, bis der andere aufgibt? Das halte ich für viel verletzender, weil man den anderen Menschen so wochen- oder monatelang hinhält und grübeln lässt, was schiefgelaufen ist und ob er irgendwie die Schuld daran trägt.

So betrachtet ist es doch viel besser, etwas in dieser Richtung zu sagen: Ich habe mir Gedanken zu uns beiden gemacht. Aber auch zu meinem Leben. Ich möchte meine Zeit bewusster nutzen, auch im Hinblick auf Beziehungen zu anderen Menschen. Ich weiß nicht, wie du es empfindest, aber mir scheinen unsere Treffen eher eine Pflichtveranstaltung geworden zu sein. Wir haben uns auseinandergelebt und stehen an ganz unterschiedlichen Punkten im Leben. Ich schätze dich weiterhin, aber ich würde unsere Treffen gern eine Zeit lang aussetzen.

Parallel achte ich jetzt darauf, meine Freundschaften aktiver zu gestalten. Denn gemeinsam etwas Besonderes zu erleben, ist nicht nur schön, sondern schweißt stärker zusammen. Zum Beispiel lade ich vier Freunde zu einem gemeinsamen Tag ein – mit einer Bootsfahrt auf dem Zürichsee und einer ausgedehnten Radtour.

Mit der Clique an den Cyclassics teilzunehmen, ist nichts für jede und jeden – aber gezielt kleine oder große Events zu planen, empfehle ich sehr. Und sich, wenn möglich, einen ganzen Tag oder ein Wochenende Zeit füreinander zu nehmen.

Was als besonders empfunden wird, unterscheidet sich natürlich. Für mich ist es zum Beispiel eine Neuentdeckung, wie viel Spaß es mir bringt, mit ein paar Freunden einfach abzuhängen wie damals in der Jugend. An einem Tag ohne Pläne, mit mehr als genug Muße, entwickeln sich zum Beispiel Gespräche, die wir bei einem Abendessen wahrscheinlich nie geführt hätten. Ich bin froh, dass ich die größten Zeitfresser in meinem Leben eliminiert habe und nun Freiräume für solche Erlebnisse habe.

Treffen oder Veranstaltungen im Freundeskreis organisieren sich nicht von selbst. Mit meinen neuen Erfahrungen halte ich aber die Zeit, die dies kostet, für bestens angelegt.

### Die vielleicht wichtigste Entscheidung im Leben

Da ich aus gutem Grund nicht über meine Beziehung plaudere, halte ich mich mit Ratschlägen zu Liebe, Partnerschaft und Ehe zurück. Nur ein grundsätzliches Anliegen möchte ich teilen. Es mag wenig romantisch klingen, aber: Mich wundert manchmal, auf welcher Basis Menschen sich entscheiden, mit welcher Person sie ihr Leben verbringen wollen. Ein Flirt mit einer Zufallsbegegnung, eine heiße Phase des Verliebtseins – und schon ist es geschehen. Doch Verliebtheit ist nie von Dauer. Das mögen Teenager glauben, aber jede und jeder mit ein bisschen Lebenserfahrung weiß: Nach ein paar Monaten verfliegt die Verliebtheit unweigerlich. Spätestens dann nimmt man mit klarerem Kopf wahr, wie der oder die andere eigentlich tickt – und stellt vielleicht fest, dass man gar nicht zusammenpasst. Ganz offensichtlich bleiben manche Menschen dann trotzdem zusammen, was ihnen oft nicht guttut.

Ich bin immer etwas überrascht, wenn ich Paare kennenlerne, denen ich anmerke, wie wenig sie zueinander passen. Von den vielen Entscheidungen, die ein Mensch im Laufe des Lebens trifft, ist die Partnerwahl eine der wichtigsten, weil sie bestenfalls viele Jahrzehnte prägt. Mir erscheint es naheliegend, dass gemeinsame Werte und Ziele viel relevanter sind als ein paar Monate der Verliebtheit. Ich plädiere hier nicht fürs Erstellen einer Pro-und-Kontra-Liste, ob das nun der Mann oder die Frau fürs Leben ist. Aber sich ehrlich damit auseinanderzusetzen, wie man gemeinsam als Paar in den nächsten Jahren mit- und aneinander wachsen könnte oder ob es irgendwelche No-Gos gibt, halte ich für empfehlenswert.

Interessant finde ich in diesem Zusammenhang das Ergebnis einer britischen Studie aus dem Jahr 2017. Demnach ziehen Paare, die sich zusätzlich als beste Freunde ansehen, nahezu doppelt so viel Lebenszufriedenheit aus ihrer Ehe oder Partnerschaft wie Paare, die dies nicht tun.

Ich persönlich bin sehr dankbar, in einer Beziehung zu leben, die von Freundschaft geprägt ist und in der wir uns gegenseitig akzeptieren, wie wir sind. Weil ich es schon erleben musste, weiß ich sicher: Ich kämpfe lieber für meine Ziele als in meiner Beziehung! Und eine harmonische Partnerschaft schenkt Energie, all die anderen Lebensziele zu erreichen.

# HACKING LIFE: MEINE BILANZ NACH ANDERTHALB JAHREN

70 Jahre: Im Juli 2025 erhalte ich mein aktuelles Testergebnis. Begonnen habe ich meine Reise vor anderthalb Jahren mit einem biologischen Alter, das 25 Jahre über meinem chronologischen lag. Nun liegen beide 20 Jahre auseinander.

Wäre dies mein erstes Testergebnis gewesen, hätte ich mich nicht gefreut. Aber ich weiß jetzt, was ich in nur 18 Monaten erreicht habe. Ich habe meine biologische Uhr ein erstes Stück zurückgedreht.

Hacking Age ist möglich! Und die noch wichtigere Erkenntnis, die ich aus dieser intensiven Phase mitnehme: Es kann das Leben im Hier und Jetzt verbessern, anstatt nur in einer hypothetischen Zukunft die Gesundheit zu fördern.

Denn wichtiger als das Testergebnis ist mir, was ich empfinde: Ich fühle mich zehn, fünfzehn Jahre jünger als zu Beginn dieser Reise. Im Rückblick kommt es mir vor, als hätte ich am Ende meiner stressigsten Lebensphase eine Vorschau aufs Älterwerden bekommen – mit schwindender Kraft, Beweglichkeit und Energie und ersten Anzeichen eines nachlassenden Gedächtnisses. Heute geht es mir grundlegend besser. Dass der Test mich als 70-Jährigen einstuft, werte ich aber als Hinweis, dass meine Verjüngungsreise nicht beendet ist. Mithilfe des Drei-Säulen-Konzepts – Gesundheit, Beziehungen, persönliche Entwicklung – habe ich mein Leben nun in allen drei Bereichen auf eine bessere Basis gestellt.

Der Weg dorthin war nicht immer einfach. Als ich im Januar 2024 die Schlaftabletten abgesetzt habe, bin ich erst einmal durch die Hölle gegangen. Anschließend dauerte es mehrere Monate, bis sich mein Schlaf so weit stabilisierte, dass ich sagen konnte: Ich leide nicht mehr unter einer Schlafstörung. Die Angst vor einer bevorstehenden schlaflosen Nacht, die mich jahrelang begleitete, tritt heute nur noch selten auf. Ich kann die Nachtruhe wieder genießen und freue mich, wenn ich morgens erfrischt und voller Tatendrang aufwache. Daher noch mal an alle, die unter Schlafstörungen leiden, die dringende Empfehlung: Gib die Hoffnung nicht auf, etwas dagegen tun zu können! Selbst wenn du schon sehr viel ausprobiert hast.

Seit ich wieder gut schlafe, merke ich, wie viel Energie es mir geraubt hat, als ich nachts kaum zur Ruhe kam. Und wie dünnhäutig ich durch den Schlafmangel geworden war. Es gibt gute Möglichkeiten, wieder zu einem erholsamen Schlaf zu finden, auch mit psychologischer und medizinischer Begleitung. Dass ich das ohne professionelle Hilfe durchgezogen habe, entspricht meinem Naturell und soll niemanden davon abhalten, sich diese zu suchen.

Mein Meeting mit mir selbst habe ich über viele Monate konsequent durchgezogen. Gegen Ende 2024 habe ich festgestellt, dass ich es in dieser Form nicht mehr wöchentlich benötige. Durch die regelmäßige Selbstreflexion am Freitagabend ist es mir gelungen, diese Bewusstheit viel stärker direkt in meinem Alltag zu etablieren. Jetzt gehe ich oft abends in der Sauna kurz den Tag durch, oder ich merke direkt in dem Moment, in dem etwas passiert, dass ich hier ein Thema habe, das ich angehen will.

Noch ein Ergebnis meiner Hacking-Age-Reise: Ich teile meine Zeit heute bewusster ein, weil ich im Hinterkopf habe, dass sie keine unendliche Ressource ist. Dazu zählt, dass ich öfter das Handy weglege. Das lässt sich sogar mit meinem Drei-Säulen-Konzept erklären: Alles Wichtige im Leben fällt in einen der drei Bereiche oder sogar in mehrere. Auf dem Smartphone zu scrollen, fördert aber in aller Regel weder meine persönliche Entwicklung noch ist es gesund und meine Beziehungen verbessert es auch nicht. Drei gute Gründe, dem Handy nicht zu viel Zeit zu widmen.

Wenn ich mir anschaue, wie viele Tests und Untersuchungen

ich in der ersten Jahreshälfte 2024 gemacht habe, kann ich jetzt sagen: Da habe ich ein bisschen übertrieben, weil ich eben ein neugieriger Mensch bin. Für ein gesundes Leben muss man nicht jeden erdenklichen Blutwert kennen. Für mich war es trotzdem eine interessante Erfahrung, und einige Untersuchungen haben sich durchaus gelohnt. Aber wenn mich heute jemand fragt, was ein gutes Longevity-Konzept ausmacht, würde ich nicht als Erstes über medizinische Tests sprechen, sondern zum Beispiel über den Sport, den ich in mein Leben gebracht habe.

Heute sind Radfahren und Krafttraining ein fester Bestandteil meines Alltags. Besonders das Radfahren möchte ich nicht mehr missen. Für mich ist Sport die beste Methode, um Stress abzubauen.

Bis der Sport eine Selbstverständlichkeit für mich geworden ist, war es eine Zeit lang nötig, mich durchzubeißen. Vor allem das Krafttraining im Fitnessstudio machte mir zu Beginn überhaupt keinen Spaß und als ich im Winter nur drinnen auf der Rolle Rad fahren konnte, weil die Witterung keine Touren draußen zuließ, war meine Motivation nicht auf dem Höhepunkt. Um auch in solchen Phasen dranzubleiben, half und hilft mir meine Jokerregel. Noch mal zur Erinnerung: An einem Tag darf ich das Training ausfallen lassen, aber nie an zwei Tagen hintereinander.

Durch den Sport bin ich kräftiger und ausdauernder als vor anderthalb Jahren. Nach den ersten Cyclassics bin ich bei weiteren Radrennen gestartet. Im April 2025 bin ich die Mallorca 312 gefahren. Ich habe die kürzeste Distanz von drei möglichen gewählt: 167 Kilometer. Auf den ersten Kilometern sind 2000 Höhenmeter zu bewältigen, und diese muss man in fünf Stunden schaffen, um im Rennen zu bleiben. Ich war mir nahezu sicher, dass mir das nicht gelingt, denn in den Bergen bin ich einfach langsam. Doch wieder hat mich das Event, die Stimmung und das gemeinsame Erlebnis mit Freunden so angetrieben, dass ich das Rennen gemeistert habe. Für die 167 Kilometer habe ich knapp über sieben Stunden gebraucht. Solche Ziele vor Augen zu haben, gibt mir zusätzlichen Ansporn, meine Leistung zu steigern.

Ich habe in den vergangenen anderthalb Jahren mit diversen Longevity-Experten über meine Lebensstilumstellung gesprochen. Manche Ratschläge haben mir geholfen, andere erschienen mir eher absurd. Wann immer mir jemand *die* eine Lösung für ein langes, gesundes Leben präsentieren wollte, machte mich das skeptisch. Weil Longevity nicht zuletzt ein florierender Geschäftszweig ist, entwickeln sich ständig neue Trends – von der Kryokammer bis zum gehypten neuen Supplement. Ich würde wetten, dass diverse dieser Trends so schnell verschwinden, wie sie aufgetaucht sind, nur um von neuen vermeintlichen Wunderkuren abgelöst zu werden.

Meine Empfehlung halte ich dagegen für zeitlos: es ganzheitlich und individuell anzugehen. Es gibt keine Abkürzungen zu einem erfüllten, gesunden Leben.

Ich ernähre mich heute viel gesünder als früher, aber ich würde lügen, wenn ich sage, dass mir das immer leichtfällt. Ich esse gern und mit Genuss. Meine Ziele, gesund alt zu werden und gleichzeitig erfüllt zu leben, lassen sich beim Essen nicht immer verbinden. Ich esse viele gesunde Gerichte sehr gern, ein großer, bunter Salat ist eine fantastische Mahlzeit. Aber ein Käsefondue eben auch.

Für das Essen habe ich mir möglichst wenige Regeln gesetzt, weil es für mich ein so elementares und verbindendes Element darstellt. Ich erlaube mir auch mehrgängige Menüs, wenn der Anlass stimmt. Ich schätze, 80 Prozent von dem, was ich esse, kann ich als gesund bezeichnen. Die restlichen 20 Prozent sind die, die mir manchmal besonders gut schmecken. Die gönne ich mir, obwohl sie nicht gesund sind – für mich ist das ein guter Trade-off.

Außerdem trinke ich bis auf sehr seltene Ausnahmen keinen Alkohol mehr, auch damit bin ich auf einem guten Weg, finde ich.

Dass ich in meinem Unternehmen kürzergetreten bin, war ein großer Schritt für mich. Anfang 2024 war es für mich zunächst unvorstellbar, mir vormittags ein paar Stunden freizuräumen. Zu Beginn hielt ich es für eine Notfalllösung auf dem Weg zu einem gesünderen Schlaf und war überzeugt, bald wieder voll einzusteigen. Doch dann merkte ich, dass im Unternehmen alles rundlief und dass mir nichts fehlte. Die neu gewonnene Freiheit ist für mich der Gamechanger gewesen.

Bis heute läuft es super – mein Team ist in die weiteren Aufgaben hineingewachsen. Daraus lässt sich etwas ableiten, was die wenigsten gern hören: Jeder ist ersetzbar. Ich habe selbst überschätzt, wie dringend ich gebraucht werde. Andere können das, was ich vorher erledigt habe, auch. Ja, möglicherweise regeln sie einiges anders, als ich es getan hätte, aber damit kann ich leben.

Ein Unternehmer, dem es genauso ergangen ist wie mir, bestätigt meine Erfahrung: Er hat ebenfalls festgestellt, dass alles glattlief, nachdem er sich aus dem operativen Geschäft zurückgezogen hatte. In der intensiven Aufbauphase hätte ich mich nicht in dieser Form rausnehmen können, aber, das denke ich jetzt, ein paar Freiräume mehr wären dennoch bestimmt drin gewesen.

Den Puffer für eine Nacht mit Schlafproblemen brauche ich nur noch selten. Dass ich Zeit habe, den Tag mit Sport zu beginnen, ist heute der wichtigste Punkt für mich. Wenn ich jetzt mittags ins Büro komme, bin ich fokussiert, gut gelaunt und ausgeglichen – und schaffe in zwei Stunden mehr als früher in sechs Stunden.

Wie viel Stress von mir abgefallen ist, ist mir im Frühjahr 2025 eindrücklich klar geworden, während eines Urlaubs in Südafrika. Ich habe viel Sport getrieben und war viel draußen. Einmal bemerkte ich erst am späten Abend, dass ich den gesamten Tag kein einziges Mal auf mein Handy geschaut hatte. So etwas wäre früher undenkbar gewesen. Selbst auf Reisen führte ich permanent Gespräche, löste Probleme aus der Ferne, traf Entscheidungen. Noch auf einer Radtour im Sommer 2024 hielt ich zwischendurch an, um zu telefonieren.

Die Reise nach Südafrika war die erste, bei der ich gedanklich einen klaren Abstand zu meinem Unternehmen aufbauen konnte. Ich habe dort besser denn je geschlafen und konnte den Eindrücken vor Ort meine volle Aufmerksamkeit schenken. Mein größter Quell chronischen Stresses war versiegt. Wenn man bedenkt, wie schädlich dieser Stress nicht nur für mein aktuelles Wohlbefinden, sondern für meine langfristige Gesundheit ist, hat mir dies womöglich einige weitere Lebensjahre geschenkt.

Mir ist bewusst, dass mein beruflicher Werdegang ungewöhnlich ist und ein Ausstieg in dieser Form für die meisten Menschen nicht möglich. Aber falls der Job chronischen Stress verursacht, lässt sich immer etwas ändern, davon bin ich überzeugt. Womöglich erfordert das zunächst den Mut, Probleme anzugehen oder etwas Neues zu wagen, aber sobald einem klar ist, wie ungesund ein Weiter-So ist, bleibt doch nur die Möglichkeit, etwas zu verändern. Ich dachte vorher auch nicht, dass meine Entscheidung so leicht umzusetzen ist.

Investiere in Erinnerungen – den Rat meines Vaters habe ich in den vergangenen achtzehn Monaten ganz bewusst umgesetzt. Seit ich das Ergebnis meines Alterstests erfuhr, habe ich viele Erinnerungen gesammelt, und zwar vor allem gute.

Ich kann nicht in die Zukunft sehen, deshalb weiß ich nicht, wie viele zusätzliche Jahre mir meine Lebensumstellung schenken wird. Wenn ich ehrlich bin, denke ich darüber gar nicht mehr nach. Für mich zählt, dass ich dank dieser Veränderungen heute ein erfüllteres, glücklicheres Leben führe.

Falls ich durch meine Reise andere Menschen inspirieren kann, ihren Weg zu einem jüngeren Ich und einem bewussteren Leben zu finden, würde mich das sehr glücklich machen.

# KLEINES TEST-ABC FÜR DAS BIOLOGISCHE ALTER UND DIE GESUNDHEIT

Wer nach der Lektüre dieses Buches das eigene biologische Alter wissen will, kann sich natürlich wie ich dafür entscheiden, etwas Geld auszugeben und eine Blutprobe an einen der zahlreichen Testanbieter zu schicken. Ich drücke die Daumen, dass etwas Besseres dabei herauskommt als bei meinem ersten Test!

Doch wer sich so einen Test sparen will, kann mit Bordmitteln einiges über die eigene Gesundheit erfahren. Dazu stelle ich jetzt ein paar Tests und Werte vor, die aus meiner Sicht sinnvolle Einblicke geben.

### Statt BMI: Taille-Größe-Verhältnis messen

Warum der Body-Mass-Index für manche Menschen nicht aussagekräftig ist, habe ich erzählt. Eine simple Messung des Taillenumfangs und der Körpergröße (so man sie nicht kennt) kann eine bessere Aussage dazu liefern, ob man ein paar Kilo abnehmen sollte. Du brauchst dafür lediglich ein Maßband und gehst dann vor wie folgt: Ertaste die unterste Rippe und den oberen Rand des Hüftknochens. Gemessen wird genau in der Mitte zwischen beiden, etwas über der Höhe des Bauchnabels. Lege das Maßband in dieser Höhe um die Taille, atme aus, ohne den Bauch extra einzuziehen – und jetzt messen.

Teile nun den Taillenumfang durch die Körpergröße. Bei mir sind das: 95 Zentimeter durch 183 Zentimeter. Das ergibt: 0,51. Als ich es das erste Mal kurz nach dem Testergebnis gemessen habe, lag ich mit 110 Zentimetern Taillenumfang noch bei 0,6.

Ideal ist ein Wert zwischen 0,4 und 0,5. In der britischen Leitlinie zur Adipositas wird diese Messung bereits empfohlen, auch weil sie den Vorteil hat, dass man sie selbst durchführen kann. Ein

Wert zwischen 0,5 und 0,59 gibt ein erhöhtes Risiko für Erkrankungen wieder, liegt er bei 0,6 oder darüber, ist das Risiko noch stärker erhöht.

### Alles im Gleichgewicht? Der Flamingo-Test

Die Fähigkeit, die Balance halten zu können, nimmt mit dem Alter ab. In Verbindung mit abnehmender Knochendichte drohen daher Stürze, die schlimmere Folgen haben als in jungen Jahren. Das Gleichgewicht zu trainieren, ist deshalb bis ins hohe Alter wichtig!

Benannt nach den Vögeln, die mühelos auf einem Bein stehen können, gibt der Flamingo-Test Auskunft darüber, wie es um das eigene Gleichgewicht bestellt ist. Das einzige nötige Messgerät ist eine Uhr.

Am besten funktioniert der Test auf ebenem Boden, in Socken oder barfuß. Die Hände liegen am Körper, damit man nicht zur Stabilisierung mit den Armen in der Luft rudern kann. Ein Fuß wird angehoben und zum Beispiel mit dem Fußrücken an den Unterschenkel gelegt.

In einer 2022 veröffentlichten Studie baten Forschende ihre Probandinnen und Probanden im Alter von einundfünfzig bis fünfundsiebzig Jahren, so mindestens zehn Sekunden das Gleichgewicht zu halten. Wer älter war, ein höheres Gewicht hatte oder an Diabetes erkrankt war, dem fiel dies schwerer. Gut 20 Prozent der Teilnehmenden schaffen dies nicht. In den folgenden Jahren starben knapp 5 Prozent aus der Gruppe, die den Test bestanden hatten, und gut 17 aus der Gruppe, der das nicht gelungen war. Die Fähigkeit, auf einem Bein die Balance zu halten, kann offenbar etwas über die Lebenserwartung aussagen.

Wie lange sollte man auf einem Bein stehen können? Vor gut einem Jahrzehnt baten Ärztinnen und Ärzte knapp 800 Erwachsene ab dem Alter von dreißig Jahren im US-Bundesstaat North Carolina ins Labor, damit diese verschiedene Tests zu ihrer körperlichen Fitness absolvierten. Einer davon war der Stand auf einem Bein für maximal eine Minute.

Im Schnitt schafften die Altersgruppen bis neunundvierzig Jahre knapp eine Minute. Die Menschen in den Fünfzigern erreichten 45 Sekunden. Die 60- bis 69-Jährigen kamen auf 39 Sekunden. Danach folgte ein deutlicher Einbruch: In der Altersgruppe von siebzig bis neunundsiebzig hielt man sich im Schnitt nur noch gut 26 Sekunden auf einem Bein. Bei den ab 80-Jährigen waren es rund 12 Sekunden.

Diese Durchschnittswerte einer Studie aus den USA können einen Hinweis darauf geben, was im jeweiligen Alter normal ist. Wer sportlich aktiv ist, lacht sicher noch mit achtzig Jahren über einen Test, für den sie oder er bloß eine Minute auf einem Bein balancieren soll. Ich empfehle den Flamingo-Test deshalb eher als Absicherung nach unten: Wer schneller aus dem Gleichgewicht gerät als für die Altersgruppe angegeben, kann das als Warnung nehmen. Wer eine Minute schafft, ist nicht unbedingt biologisch jung geblieben.

Die Balance zu erhalten, lässt sich täglich üben, ohne dass es Zeit kostet: Einfach beim Zähneputzen auf einem Bein stehen! Oder, wie ich, unter der Dusche.

### Handkraft: Richtig gut abhängen

Muskelmasse und Muskelkraft nehmen im Alter ab. Geschieht dies in zu großem Maß, entsteht die sogenannte Sarkopenie. Wer wissen will, wie es um die eigene Muskelkraft bestellt ist, kann beispielsweise seine Handkraft messen, sie gilt als guter Marker für die Muskelkraft insgesamt, denn wer kräftige Hände hat, hat in der Regel auch kräftige Arme und Schultern. Die Messung benötigt ein spezielles Gerät, und zwar ein sogenanntes Dynamometer. Die Handkraft zeigt sich darin, wie weit man dieses zusammendrücken kann.

Eine Studie aus dem Jahr 2021 mit knapp 10 000 Teilnehmenden ergab, dass die Handkraft bei Erwachsenen bis zum 40. Lebensjahr relativ stabil ist, wobei sie in den Dreißigern ihren Höhepunkt erreicht: Bei Männern liegt sie im Schnitt bei rund 51 Kilogramm, bei Frauen bei gut 32 Kilogramm. Ab Mitte vierzig nimmt die Handkraft von Frauen ab, bei Männern beginnt dies um die Fünfzig. In höherem Alter beschleunigt sich das Schwinden der Handkraft. In der Studie galt eine Handkraft von weniger als 34 Kilogramm für Männer und knapp 22 Kilogramm für Frauen als zu niedrig.

Statt eines Dynamometers kann eine Klimmzugstange eine Idee liefern, wie es um die Kraft in Händen, Armen und Oberkörper bestellt ist. Statt Klimmzüge zu versuchen, lässt man sich hängen, im Englischen heißt die Übung »Dead Hang«.

Wer das noch nie probiert hat, sollte wenigstens 10 Sekunden durchhalten, aber sich nicht grämen, wenn es wirklich nicht länger geht. Mit Training können viele Menschen eine bis anderthalb Minuten erreichen. Sehr gut durchtrainierte Sportler kommen auf deutlich höhere Zeiten. Männer halten die Übung im Schnitt länger durch als Frauen.

Altersmediziner Peter Attia meint, ein sehr starker Mann sollte mit vierzig Jahren mindestens zwei Minuten schaffen, eine gleich alte, sehr starke Frau mindestens 90 Sekunden. Pro Lebensjahrzehnt würden etwa 10 Sekunden von dieser Zeit abgehen. Das sind dann schon sehr gute Werte!

Ich habe zu Beginn nicht mehr als eine halbe Minute geschafft, nach gut einem Vierteljahr Training bin ich bei anderthalb Minuten angekommen.

## Infos vom Arzt: Von Blutdruck bis Zucker

Einige wichtige Werte lassen sich bei Ärztin oder Arzt beziehungsweise per Labor bestimmen. Weil Bluthochdruck einer der wichtigsten Risikofaktoren für verschiedene Alterskrankheiten ist, sollte man seinen Blutdruck kennen. Und, noch wichtiger, im Fall von Hochdruck etwas dagegen unternehmen – mit Bewegung, gesünderer Ernährung und, falls das nicht reicht, auch mit Medikamenten. Bluthochdruck liegt vor ab einem Wert über 140/90 mmHg. Ideal sind Blutdruckwerte um und unter 120/70 mmHg.

Bei einem ärztlichen Check lässt sich auch der Blutzucker prüfen. Nüchternblutzucker sowie der sogenannte HbA1c-Wert können Aufschluss darüber geben, ob ein Diabetes vorliegt. Das ist wichtig, denn diese Krankheit sollte schnell erkannt und dann behandelt werden.

Ein Blick auf die Blutfettwerte (ApoB, Gesamtcholesterin, HDL, LDL, Lp(a)) ermöglicht eine Einschätzung zur Gefäßgesundheit. Ärzte schätzen aufgrund weiterer Risikofaktoren und der Blutfettwerte ab, wie hoch diese sein dürfen beziehungsweise wie stark man sie senken sollte.

In Deutschland zahlen die gesetzlichen Krankenkassen allen Versicherten ab dem 35. Lebensjahr alle drei Jahre einen Gesundheits-Check-up, bei dem unter anderem einige dieser Werte gemessen werden.

## Dexascan

Mit dem Dexascan lassen sich Knochendichte und Körperfettanteil messen, in der Regel muss man die Untersuchung allerdings selbst bezahlen. Mir hat es geholfen, um bei meiner nicht optimalen Knochendichte nun frühzeitig gegenzusteuern.

### $VO_2max$

Auch eine sogenannte Spiroergometrie zum Bestimmen der $VO_2$ max muss man normalerweise selbst bezahlen. Für den Test geht es mit einer Atemmaske aufs Laufband oder Ergometer, so lassen sich das Herz-Kreislauf-System und die Atmung bei Anstrengung analysieren. Der $VO_2$max-Wert gibt an, wie viel Sauerstoff der Körper maximal pro Minute aufnehmen kann. Oft wird die »relative« $VO_2$max gemessen, die angibt, wie viel Sauerstoff es pro Kilogramm Körpergewicht pro Minute ist. Der $VO_2$max nimmt mit dem Alter meist ab. Frauen haben im Schnitt einen niedrigeren Wert als Männer.

Ich habe die Untersuchung bis heute nicht gemacht, sondern mich auf den errechneten Wert meiner Smartwatch verlassen. Weil sowohl die Smartwatch als auch das Labor den Wert einordnen und Alter und Geschlecht beeinflussen, was gut oder schlecht ist, verzichte ich hier auf weitere Zahlen.

# QUELLEN


## BESTANDSAUFNAHME: EIN BLICK ZURÜCK VOR DEM BLICK NACH VORN

Deaton, A.: Income, Health, and Well-Being Around the World: Evidence From the Gallup World Poll. *Journal of Economic Perspectives,* 22 (2), 2008: 53–72, https://doi.org.10.1257/jep.22.2.53

Jantsch, A., und R. Veenhoven: Happiness and Personal Wealth: A Updated Research Synthesis Using an Online Findings Archive, April 2021, https://www.semanticscholar.org/paper/Happiness-and-Personal-Wealth%3A-A-Updated-Research-Jantsch-Veenhoven/dae973d041d6bd4855be85e065a9054de0cff9d3

Ortiz-Ospina, E., und M. Roser: Happiness and Life Satisfaction. *Our World in Data,* 2024, https://ourworldindata.org/happiness-and-life-satisfaction

## GUTE NACHT: WIE ICH WIEDER SCHLAFEN LERNE

Aé, J.: Professor über Medikamente zum Einschlafen: »Diese Mittel abzusetzen ist manchmal schlimmer als ein Heroinentzug«. *Der Spiegel,* 9/2024, https://www.spiegel.de/gesundheit/schlafprobleme-und-medikamente-zum-einschlafen-was-wirklich-hilft-a-c30c0380-b216-4971-b1ee-661b434347f6

Bhatti, P., D.K. Mirick, T.W. Randolph et al.: Oxidative DNA Damage During Sleep Periods Among Nightshift Workers. *Occupational and Environmental Medicine,* 73, 2016: 537–544

Carroll, J.E., und A.A. Prather: Sleep and Biological Aging: A short Review. *Current Opinion in Endocrine and Metabolic Research,* 18, 2021: 159–164

Carroll, J.E., K.M. Ross, S. Horvath et al.: Postpartum Sleep Loss and Accelerated Epigenetic Aging. *Sleep Health,* 7 (3), 2021: 362–367

Cedernaes, J., et al.: A Single Night of Partial Sleep Loss Impairs Fasting Insulin Sensitivity But Does Not Affect Cephalic Phase Insulin Release in Young Men. *Journal of Sleep Research,* 25 (1), 2016: 5–10

Cheung, V., V.M. Yuen, G.T.C. Wong und S.W. Choi: The Effect of Sleep Deprivation and Disruption on DNA Damage and Health of Doctors. *Anaesthesia,* 74 (4), 2019: 434–440

Davinelli, S., A. Medoro, R. Savino und G. Scapagnini: Sleep and Oxidative Stress: Current Perspectives on the Role of NRF2. *Cellular and Molecular Neurobiology,* 44 (52), 2024

Deutsche Hauptstelle für Suchtfragen e.V.: *Benzodiazepine und Z-Drugs (Beruhigungs- und Schlafmittel),* o.D., https://www.dhs.de/fileadmin/user_upload/pdf/Broschueren/Die_Sucht_und_ihre_Stoffe_BENZODIAZEPINE_BFREI.pdf

Egmond, L.T.v., E.M.S. Meth, J. Engström et al.: Effects of Acute Sleep Loss on Leptin, Ghrelin, and Adiponectin in Adults with Healthy Weight and Obesity: A Laboratory Study. *Obesity (Silver Spring),* 31 (3), 2023: 635–641

Fietze, I., et al.: Prevalence and Association Analysis of Obstructive Sleep Apnea with Gender and Age Differences – Results of SHIP-Trend. *Journal of Sleep Research,* 28 (5), 2019: e12770

Han, S., D.-K. Kim, S.-E. Jun und N. Kim: Association of Sleep Quality and Mitochondrial DNA Copy Number in Healthy Middle-Aged Adults. *Sleep Medicine,* 113, 2024: 19–24

Hillebrand, S., et al.: Heart Rate Variability and First Cardiovascular Event in Populations

without Known Cardiovascular Disease: Meta-Analysis and Dose-Response Meta-Regression. *EP Europace*, 15 (5), 2013: 742–749
Hjetland, G. J., J. C. Skogen, M. Hysing et al.: How and When Screens are Used: Comparing Different Screen Activities and Sleep in Norwegian University Students. *Frontiers in Psychiatry*, 16, 2025: 1548273
Huang, W., L. J. Hickson, A. Eirin et al.: Cellular Senescence: The Good, the Bad and the Unknown. *Nature Reviews Nephrology*, 18, 2022: 611–627
Jiryis, T., N. Magal, E. Fructher et al.: Resting-State Heart Rate Variability (HRV) Mediates the Association Between Perceived Chronic Stress and Ambiguity Avoidance. *Scientific Reports*, 12 (17645), 2022, https://doi.org/10.1038/s41598-022-22584-4
Losso, J. N., J. W. Finley, N. Karki et al.: Pilot Study of the Tart Cherry Juice for the Treatment of Insomnia and Investigation of Mechanisms. *American Journal of Therapeutics*, 25 (2), 2018: e194–e201
N. N.: S3-Leitlinie Nicht erholsamer Schlaf/Schlafstörung, 22.12.2021, https://register.awmf.org/de/leitlinien/detail/063-001
Pereira, N., M. F. Naufel, E. B. Ribeiro et al.: Influence of Dietary Sources of Melatonin on Sleep Quality: A Review. *Journal of Food Science*, 85 (1), 2020: 5–13
Sies, H.: Hydrogen Peroxide as a Central Redox Signaling Molecule in Physiological Oxidative Stress: Oxidative Eustress. *Redox Biology*, 11, 2017: 613–619
Sies, H., und D. P. Jones: Reactive Oxygen Species (ROS) as Pleiotropic Physiological Signalling Agents. *Nature Reviews Molecular Cell Biology*, 21, 2020: 363–383
Singh, S., P. R. Keller, L. Busija et al.: Blue-Light Filtering Spectacle Lenses for Visual Performance, Sleep, and Macular Health in Adults. *Cochrane Database of Systematic Reviews*, 8, 2023: CD013244
Singh, T., T. H. Ahmed, N. Mohamed et al.: Does Insufficient Sleep Increase the Risk of Developing Insulin Resistance: A Systematic Review. *Cureus*, 14 (3), 2020: e23501
Srivastava, S.: The Mitochondrial Basis of Aging and Age-Related Disorders. *Genes*, 8, 2017: 398, https://doi.org/10.3390/genes8120398
Vaccaro, A., Y. K. Dor, K. Nambara et al.: Sleep Loss Can Cause Death Through Accumulation of Reactive Oxygen Species in the Gut. *Cell*, 181 (6), 2020: 1307–1328.E15
Yetish, G., et al.: Natural Sleep and Its Seasonal Variations in Three Pre-Industrial Societies. *Current Biology*, 25 (21), 2015: 2862–2868

## VERMESSEN: MEINE WERTE, DIE GROSSEN ALTERSKRANKHEITEN UND DIE FALLSTRICKE DER LONGEVITY-INDUSTRIE

Andraski, A. B., F. M. Sacks, M. Aikawa und S. A. Singh: Understanding HDL Metabolism and Biology Through In Vivo Tracer Kinetics. *Arteriosclerosis, Thrombosis, and Vascular Biology*, 44 (1), 2024: 76–88
Argentieri, M. A., S. Xiao, D. Bennett et al.: Proteomic Aging Clock Predicts Mortality and Risk of Common Age-Related Diseases in Diverse Populations. *Nature Medicine*, 30, 2024: 2450–2460
Attia, P.: *Measuring Cardiovascular Disease Risk and the Importance of apoB*, 22.12.2019, https://peterattiamd.com/measuring-cardiovascular-disease-risk-and-the-importance-of-apob-part-1/

Bailey, M.A., und N. Dhaun: Salt Sensitivity: Causes, Consequences, and Recent Advances. *Hypertension*, 81 (3), 2024: 476–489

Blotenberg, I., W. Hoffmann und J.R. Thyrian: Demenz in Deutschland: Epidemiologie und Präventionspotenzial. *Deutsches Ärzteblatt*, 27–28/2023

Brown, K.F., H. Rumgay, C. Dunlop et al.: The Fraction of Cancer Attributable to Modifiable Risk Factors in England, Wales, Scotland, Northern Ireland, and the United Kingdom in 2015. *British Journal of Cancer*, 118 (8), 2018: 1130–1141,

Doshi, D.N., K.K. Hanneman und K.D. Cooper: Smoking and Skin Aging in Identical Twins. *Archives of Dermatology*, 143 (12), 2007: 1543–1546

Einecke, D.: Wie steigern Sie die Compliance Ihrer Patienten? *MMW – Fortschritte der Medizin*, 13, 2011, https://doi.org/10.1007/BF03368165

Eyting, M., M. Xie, F. Michalik et al.: A Natural Experiment on the Effect of Herpes Zoster Vaccination on Dementia. *Nature*, 641, 2025: 438–446

Filgueira, L., A. Larionov und N. Lannes: The Influence of Virus Infection on Microglia and Accelerated Brain Aging. *Cells*, 10 (7), 2021: 1836

Föhr, T., K. Waller, A. Viljanen et al.: Does the Epigenetic Clock GrimAge Predict Mortality Independent of Genetic Influences: An 18 Year Follow-up Study in Older Female Twin Pairs. *Clinical Epigenetics*, 13 (128), 2021, https://doi.org/10.1186/s13148-021-01112-7

Hereford, T., A. Kellish, J. Balch Samora und L. Reid Nichols: Understanding the Importance of Peak Bone Mass. *Journal of the Pediatric Orthopaedic Society of North America*, 7 (100031), 2024: 2768–2765

Horvath, S.: Our Epigenetic Age Clocks. *Ground Truths*, 23.8.2024, https://erictopol.substack.com/p/steve-horvath-our-epigenetic-age

Kivimäki, M., P. Frank, J. Pentti et al.: Proteomic Organ-Specific Ageing Signatures and 20-Year Risk of Age-Related Diseases: The Whitehall II Observational Cohort Study. *The Lancet Digital Health*, 7 (3), 2025: e195–e204, https://www.thelancet.com/journals/landig/article/PIIS2589-7500(25)00006-8

Laconi, E., F. Marongiu und J. DeGregori: Cancer As a Disease of Old Age: Changing Mutational and Microenvironmental Landscapes. *British Journal of Cancer*, 122, 2020: 943–952

Lu, A.T., A. Quach, J.G. Wilson et al.: DNA Methylation GrimAge Strongly Predicts Lifespan and Healthspan. *Aging*, 11, 2019: 303–327

Madsen, C.M., A. Varbo und B.G. Nordestgaard: Novel Insights From Human Studies on the Role of High-Density Lipoprotein in Mortality and Noncardiovascular Disease. *Arteriosclerosis, Thrombosis, and Vascular Biology*, 41 (1), 2021: 128–140

McDermott, M.T.: Pseudo-Endocrine Disorders: Recognition, Management, and Action. *Journal of the Endocrine Society*, 9 (1), 2024: bvae226

N.N.: Guideline: Sodium Intake for Adults and Children. World Health Organization, 25.12.2012, https://www.who.int/publications/i/item/9789241504836

N.N.: How Much Sodium Should I Eat Per Day?, *American Heart Association*, 2025, https://www.heart.org/en/healthy-living/healthy-eating/eat-smart/sodium/how-much-sodium-should-i-eat-per-day

N.N.: Management der arteriellen Hypertonie. Leitlinien der Deutschen Gesellschaft für Kardiologie, 2018, https://leitlinien.dgk.org/files/28_2018_pocket_leitlinien_arterielle_hypertonie_aktualisiert.pdf

N. N.: S3-Leitlinie Prophylaxe, Diagnostik und Therapie der Osteoporose bei postmenopausalen Frauen und bei Männern ab dem 50. Lebensjahr, 6.9.2023, https://register.awmf.org/de/leitlinien/detail/183-001

N. N.: Speisesalz. Deutsche Gesellschaft für Ernährung e. V., o. D., https://www.dge.de/gesunde-ernaehrung/faq/speisesalz/

N. N.: The Fraction of Cancer Attributable to Lifestyle and Environmental Factors in the UK in 2010. *British Journal of Cancer (Supplement)*, 2011, https://www.nature.com/collections/hrxktjlvgy

N. N.: The Top 10 Causes of Death. World Health Organization, 7.8.2024, https://www.who.int/news-room/fact-sheets/detail/the-top-10-causes-of-death

Oh, H. S.-H., J. Rutledge, D. Nachun et al.: Organ Aging Signatures in the Plasma Proteome Track Health and Disease. *Nature*, 624, 2023: 164–172

Okada, H., B. Alleyne, B. S. Brendan et al.: Facial Changes Caused by Smoking: A Comparison between Smoking and Nonsmoking Identical Twins. *Plastic and Reconstructive Surgery*, 132 (5), 2013: 1085–1092

Passarino, G., F. De Rango und A. Montesanto: Human Longevity: Genetics or Lifestyle? It Takes Two to Tango. *Immunity & Ageing*, 13 (12), 2016

Ruddat, M.: Infekte im Sommer: Was hat die Pandemie mit unserem Immunsystem gemacht? *Der Spiegel*, 19.6.2022, https://www.spiegel.de/gesundheit/erkaeltung-im-sommer-was-hat-die-corona-pandemie-mit-unserem-immunsystem-gemacht-a-5ef534a7-b1de-41cb-a983-9f09e7fb66e8

Sipilä, P. N., N. Heikkilä, J. V. Lindbohm et al.: Hospital-Treated Infectious Diseases and the Risk of Dementia: A Large, Multicohort, Observational Study With a Replication Cohort. *The Lancet Infectious Diseases*, 21 (11), 2021: 1557–1567

Taquet, M., Q. Dercon, J. A. Todd et al.: The Recombinant Shingles Vaccine is Associated with Lower Risk of Dementia. *Nature Medicine*, 30, 2024: 2777–2781

The Global Cardiovascular Risk Consortium: Global Effect of Cardiovascular Risk Factors on Lifetime Estimates. *New England Journal of Medicine*, 30.3.2025

Wainberg, M., T. Luquez, D. M. Koelle et al.: The Viral Hypothesis: How Herpesviruses May Contribute to Alzheimer's Disease. *Molecular Psychiatry*, 26, 2021: 5476–5480

Wilson, L. F., A. Antonsson, A. C. Green et al.: How Many Cancer Cases and Deaths are Potentially Preventable? Estimates for Australia in 2013. *International Journal of Cancer*, 142 (4), 2018: 691–701

Wu, X., H. Yang, S. He et al.: Adult Vaccination as a Protective Factor for Dementia: A Meta-Analysis and Systematic Review of Population-Based Observational Studies. *Frontiers in Immunology*, 13, 2022: 872542

Xu, Z., und J. A. Taylor: Genome-Wide Age-Related DNA Methylation Changes in Blood and Other Tissues Relate to Histone Modification, Expression and Cancer. *Carcinogenesis*, 35 (2), 2014: 356–364

## EIN SPORTPROGRAMM, DAS MIR SPASS BRINGT (UND MIT WELCHEN TRICKS ICH MICH BEWEGE, FALLS ES MAL NICHT SO IST)

Altulea, A., M. G. S Rutten, L. B. Verdijk und M. Demaria: Sport and Longevity: An Observational Study of International Athletes. *GeroScience*, 47, 2024: 1397–1409

Boere, K., K. Lloyd, G. Binsted et al.: Exercising is Good for the Brain but Exercising Outside Is Potentially Better. *Scientific Reports*, 13 (1140), 2023

Cruz-Jentoft, A. J., G. Bahat, J. Bauer et al.: Sarcopenia: Revised European Consensus on Definition and Diagnosis. *Age and Ageing*, 48 (1), 2019: 16–31

Eather, N., L. Wade, A. Pankowiak et al.: The Impact of Sports Participation on Mental Health and Social Outcomes in Adults: A Systematic Review and the 'Mental Health through Sport' Conceptual Model. *Systematic Reviews*, 12 (102), 2023

Friedmann, E., N. R. Gee, E. M. Simonsick et al.: Pet Ownership and Maintenance of Cognitive Function in Community-Residing Older Adults: Evidence from the Baltimore Longitudinal Study of Aging (BLSA). *Scientific Reports*, 13 (14738), 2023

Kern, U., V. Busch, M. Rockland et al.: Prävalenz und Risikofaktoren von Phantomschmerzen und Phantomwahrnehmungen in Deutschland. *Schmerz*, 23, 2009: 479–488

Lally, P., C. H. M. v. Jaarsveld, H. W. W. Potts und J. Wardle: How Are Habits Formed: Modelling Habit Formation in the Real World. *European Journal of Social Psychology*, 16.7.2009: 998–1009

N. N.: WHO Guidelines on Physical Activity and Sedentary Behaviour, 25.11.2020, https://www.who.int/publications/i/item/9789240015128

Paluch, A. E., S. Bajpai, D. R. Basset et al.: Daily Steps and All-Cause Mortality: A Meta-Analysis of 15 International Cohorts. *The Lancet Public Health*, 7 (3), 2022: e219–e228

Paluch, A. E., K. P. Gabriel, J. E. Fulton et al.: Steps per Day and All-Cause Mortality in Middle-aged Adults in the Coronary Artery Risk Development in Young Adults Study. *JAMA Network Open*, 4 (9), 2021: e2124516

Stutz, J., R. Eiholzer und C. M. Spengler: Effects of Evening Exercise on Sleep in Healthy Participants: A Systematic Review and Meta-Analysis. *Sports Medicine*, 49, 2019: 269–287

## GESUND UND LECKER ESSEN: SO FINDE ICH DEN RICHTIGEN KOMPROMISS

Aman, Y., T. Schmauck-Medina, M. Hansen et al.: Autophagy In Healthy Aging and Disease. *Nature Aging*, 1, 2021: 634–650

Deutsche Adipositas-Gesellschaft (AG) e. V.: S3-Leitlinie Adipositas – Prävention und Therapie. Version 5.0, Oktober 2024, https://register.awmf.org/assets/guidelines/050-001l_S3_Praevention-Therapie-Adipositas_2024-10.pdf

Dill-McFarland, K. A., Z. Z. Tang, J. H. Kemis et al.: Close Social Relationships Correlate with Human Gut Microbiota Composition. *Scientific Reports*, 9, 703 (2019)

Erny, D., A. Hrabě de Angelis, D. Jaitin et al.: Host Microbiota Constantly Control Maturation and Function of Microglia in the CNS. *Nature Neuroscience*, 18, 2015: 965–977

Flint, H., K. Scott, P. Louis et al.: The Role of the Gut Microbiota in Nutrition and Health. *Nature Reviews Gastroenterology & Hepatology*, 9, 2012: 577–589

Ghosh, T. S., F. Shanahan und P. W. O'Toole: The Gut Microbiome as a Modulator of Healthy Ageing. *Nature Reviews Gastroenterology & Hepatology*, 19, 2022: 565–584

Green, C. L., D. W. Lamming und L. Fontana: Molecular Mechanisms of Dietary Restriction Promoting Health and Longevity. *Nature Reviews Molecular Cell Biology*, 23, 2022: 56–73

Jäger, R., C. M. Kerksick, B. I. Campbell et al.: International Society of Sports Nutrition Position Stand: Protein and Exercise. *Journal of the International Society of Sports Nutrition*, 14 (20), 2017

Kiechl, S., R. Pechlaner, P. Wielleit et al.: Higher Spermidine Intake Is Linked to Lower Mortality: A Prospective Population-Based Study. *The American Journal of Clinical Nutrition,* 108 (2), 2018: 371–380

Kivimäki, M., P. Frank, J. Pentti et al.: Obesity and Risk of Diseases Associated with Hallmarks of Cellular Ageing: A Multicohort Study. *The Lancet Healthy Longevity,* 5, (7), 2024: e454–e463, https://doi.org/10.1016/s2666-7568(24)00087-4

König, D., A. Carlsohn, H. Braun et al.: Proteinzufuhr im Sport. *Ernährungs Umschau,* 67 (7), 2020: 132–139

Mamerow, M.M., J.A. Mettler, K.L. English et al.: Dietary Protein Distribution Positively Influences 24-h Muscle Protein Synthesis in Healthy Adults. *Journal of Nutrition,* 144 (6), 2014: 876–880

Mathew, H., O.M. Farr und C.S. Mantzoros: Metabolic Health and Weight: Understanding Metabolically Unhealthy Normal Weight or Metabolically Healthy Obese Patients. *Metabolism,* 65 (1), 2016: 73–80

N.N.: Referenzwert Protein. Deutsche Gesellschaft für Ernährung e.V., o.D., https://www.dge.de/wissenschaft/referenzwerte/protein/

N.N.: Scientific Opinion on Dietary Reference Values for Protein. *EFSA Journal,* 10 (2), 2012: 2557–2566

N.N.: Sekundäre Pflanzenstoffe und ihre Wirkung auf die Gesundheit. Deutsche Gesellschaft für Ernährung e.V., Dezember 2014, https://www.dge.de/wissenschaft/fachinformationen/sekundaere-pflanzenstoffe-und-die-gesundheit/

Omenn, G.S., G.E. Godman, M.D. Thornquist et al.: Risk Factors for Lung Cancer and for Intervention Effects in CARET, the Beta-Carotene and Retinol Efficacy Trial. *Journal of National Cancer Institute,* 88 (21), 1996: 1550–1559

Ou, M.Y., H. Zhang, P.C. Tan et al.: Adipose Tissue Aging: Mechanisms and Therapeutic Implications. *Cell Death & Disease,* 13 (300), 2022

Parker, A., S. Romano, R. Ansorge et al.: Fecal Microbiota Transfer Between Young and Aged Mice Reverses Hallmarks of the Aging Gut, Eye, and Brain. *Microbiome,* 10 (68), 2022

Ravussin, E., L.M. Redman, J. Rochon et al.: A 2-Year Randomized Controlled Trial of Human Caloric Restriction: Feasibility and Effects on Predictors of Health Span and Longevity. *The Journals of Gerontology, Series A,* 70 (9), 2015: 1097–1104

Rubino, F., D.E. Cummings, R.H. Eckel et al.: Definition and Diagnostic Criteria of Clinical Obesity. *The Lancet Diabetes & Endocrinology,* 13 (3), 2025: 221–262

Santos, A.L., und S. Sinha: Obesity and Aging: Molecular Mechanisms and Therapeutic Approaches. *Ageing Research Reviews,* 67, 2021: 101268

Sayols-Baixeras, S., K.F. Dekkers, G. Baldanzi et al.: Streptococcus Species Abundance in the Gut Is Linked to Subclinical Coronary Atherosclerosis in 8973 Participants from the SCAPIS Cohort. *Circulation,* 148 (6), 2023

Schienkiewitz, A., R. Kuhnert, M. Blume und G.B.M. Mensink: Übergewicht und Adipositas bei Erwachsenen in Deutschland – Ergebnisse der Studie GEDA 2019/2020-EHIS. *Journal of Health Monitoring,* 7 (3), 2022

Schulze, M.B., und N. Stefan: Metabolically Healthy Obesity: From Epidemiology and Mechanisms to Clinical Implications. *Nature Reviews Endocrinology,* 20, 2024: 633–646

Sender, R., S. Fuchs und R. Milo: Revised Estimates for the Number of Human and Bacteria Cells in the Body. *PLoS Biology*, 14 (8), 2016: e1002533

The Alpha-Tocopherol, Beta Carotene Cancer Prevention Study Group: The Effect of Vitamin E and Beta Carotene on the Incidence of Lung Cancer and Other Cancers in Male Smokers. *New England Journal of Medicine*, 330 (15), 1994: 1029–1035

Troci, A., S. Philippen, P. Rausch et al.: Disease- and Stage-Specific Alterations of the Oral and Fecal Microbiota in Alzheimer's disease. *PNAS Nexus*, 3 (1), 2024: pgad427

Waziry, R., C.P. Ryan, D.L. Corcoran et al.: Effect of Long-Term Caloric Restriction on DNA Methylation Measures of Biological Aging in Healthy Adults from the CALERIE Trial. *Nature Aging*, 3, 2023: 248–257

## NAHRUNGSERGÄNZUNGSMITTEL: HÖCHSTENS DAS I-TÜPFELCHEN

Abdelhamid, A.S., T.J. Brown, J.S. Brainard et al.: Omega-3 Fatty Acids for the Primary and Secondary Prevention of Cardiovascular Disease. *Cochrane Database of Systematic Reviews*, 3 (3), 2020: CD003177

Annweiler, C., und J.C. Souberbielle: Vitamin D-Sire for Longevity: Can Vitamin D Contribute to Life Expectancy? *The Journal of Nutrition, Health and Aging*, 27, 2023: 607 f.

Bischoff-Ferrari, H.A., S. Gängler, M. Wieczorek et al.: Individual and Additive Effects of Vitamin D, Omega-3 and Exercise on DNA Methylation Clocks of Biological Aging in Older Adults from the DO-HEALTH Trial. *Nature Aging*, 5, 2025: 376–385

Campbell, J.M., S.M. Bellman, M.D. Stephenson und K. Lisy: Metformin Reduces All-Cause Mortality and Diseases of Ageing Independent of its Effect on Diabetes Control: A Systematic Review and Meta-Analysis. *Ageing Research Reviews*, 40, 2017: 31–44

Candow, D.G., S.C. Forbes, P.D. Chilibeck et al.: Effectiveness of Creatine Supplementation on Aging Muscle and Bone: Focus on Falls Prevention and Inflammation. *Journal of Clinical Medicine*, 8 (4), 2019: 488

Freeberg, K.A., C.C. Udovich, C. R Martens et al.: Dietary Supplementation With NAD+-Boosting Compounds in Humans: Current Knowledge and Future Directions. *The Journals of Gerontology, Series A, Biological Sciences and Medical Sciences*, 78 (12), 2023: 2435–2448

Gencer, B., L. Djousse, O.T. Al-Ramady et al.: Effect of Long-Term Marine 3 Fatty Acids Supplementation on the Risk of Atrial Fibrillation in Randomized Controlled Trials of Cardiovascular Outcomes: A Systematic Review and Meta-Analysis. *Circulation*, 144 (25), 2021: 1981–1990

Kreider, R.B., D.S. Kalman, J. Antonio et al.: International Society of Sports Nutrition Position Stand: Safety and Efficacy of Creatine Supplementation in Exercise, Sport, and Medicine. *Journal of the International Society of Sports Nutrition*, 13 (14), 2017: 18

Kuznia, S., A. Zhu, T. Akutsu et al.: Efficacy of Vitamin $D_3$ Supplementation on Cancer Mortality: Systematic Review and Individual Patient Data Meta-Analysis of Randomised Controlled Trials. *Ageing Research Reviews*, 87, 2023: 101923

Liu, G.Y., und D.M. Sabatini: mTOR at the Nexus of Nutrition, Growth, Ageing and Disease. *Nature Reviews Molecular Cell Biology*, 21, 2020: 183–203

Mills, K.F., S. Yoshida, L.R. Stein et al.: Long-Term Administration of Nicotinamide Mononucleotide Mitigates Age-Associated Physiological Decline in Mice. *Cell Metabolism*, 24 (6), 2016: 795–806

Mohammed, I., M.D. Hollenberg, H. Ding und C.R. Triggle: A Critical Review of the Evidence That Metformin Is a Putative Anti-Aging Drug That Enhances Healthspan and Extends Lifespan. *Frontiers in Endocrinology (Lausanne)*, 12, 2021: 718942

N.N.: Aktualisierung (2023): Höchstmengenvorschläge für Vitamin D in Lebensmitteln inklusive Nahrungsergänzungsmitteln, Stellungnahme 007/2024 des Bundesinstituts für Risikobewertung (BfR), 22.2.2024, https://www.bfr.bund.de/cm/343/aktualisierung-2023-hoechstmengenvorschlaege-fuer-vitamin-d-in-lebensmitteln-inklusive-nahrungsergaenzungsmitteln.pdf

Padki, M.M., und I. Stambler: Targeting Aging with Metformin (TAME). In: Gu, D., und M.E. Dupre (Hg.): *Encyclopedia of Gerontology and Population Aging*. Springer, Cham/CH 2021: 4908 ff.

Singh, P., K. Gollapalli, S. Mangiola et al.: Taurine Deficiency as a Driver of Aging. *Science*, 380 (6649), 2023

## DER KILLER VON NEBENAN: ALKOHOL

Atzendorf, J., C. Rauschert, N.N. Seitz et al.: The Use of Alcohol, Tobacco, Illegal Drugs and Medicines – An Estimate of Consumption and Substance-Related Disorders in Germany. *Deutsches Ärzteblatt International*, 116, 2019: 577–584

Colrain, I.M., C.L. Nicholas und F.C. Baker: Alcohol and the Sleeping Brain. In: Sullivan, E.V., und A. Pfefferbaum (Hg.): *Handbook of Clinical Neurology*, Bd. 125, Elsevier, Amsterdam 2014: 415–431

Daviet, R., G. Aydogan, K. Jagannathan et al.: Associations Between Alcohol Consumption and Gray and White Matter Volumes in the UK Biobank. *Nature Communications*, 13, 1175 (2022), https://doi.org/10.1038/s41467-022-28735-5

Deutsche Hauptstelle für Suchtfragen e.V. (Hg.): *DHS Jahrbuch Sucht 2025*. Pabst, Lengerich 2025, https://www.dhs.de/unsere-arbeit/dhs-jahrbuch-sucht/

Deutsche Weinakademie GmbH: Jedes Glas Wein ist eines zu viel? DWA-Kommentar zu den neuen DGE-Alkoholempfehlungen, 23.8.2024, https://www.deutscheweinakademie.de/fileadmin/user_upload/PDF-Dateien_Verlinkungen/PM_DGE_Kommentar_DWA.pdf

Nannini, D.R., B.T. Joyce, Y. Zheng et al.: Alcohol Consumption and Epigenetic Age Acceleration in Young Adults. *Aging*, 15, 2023: 371–395

Richter, M., J. Tauer, J. Conrad et al.: Alkohol – Zufuhr in Deutschland, gesundheitliche sowie soziale Folgen und Ableitung von Handlungsempfehlungen. Positionspapier der Deutschen Gesellschaft für Ernährung e.V. (DGE). *Ernährungs Umschau*, 71 (10), 2024, https://www.ernaehrungs-umschau.de/print-artikel/15-10-2024-alkohol-zufuhr-in-deutschland-gesundheitliche-sowie-soziale-folgen-und-ableitung-von-handlungsempfehlungen/

Schwarzinger, M., B.G. Pollock, O.S.M. Hasan et al.: Contribution of Alcohol Use Disorders to the Burden of Dementia in France 2008–13: A Nationwide Retrospective Cohort Study. *The Lancet Public Health*, 3 (3), 2018: e124–e132,

## DER LONGEVITY-HACK DER FINNEN: SAUNA

Hussain, J., und M. Cohen: Clinical Effects of Regular Dry Sauna Bathing: A Systematic Review. *Evidence-Based Complementary and Alternative Medicine*, 24.4.2018

Laukkanen, T., H. Khan, F. Zaccardi und J. A. Laukkanen: Association Between Sauna Bathing and Fatal Cardiovascular and All-Cause Mortality Events. *JAMA International Medicine*, 175 (4), 2015: 542–548

Laukkanen, T., S. K. Kunutsor, H. Khan et al.: Sauna Bathing is Associated with Reduced Cardiovascular Mortality and Improves Risk Prediction in Men and Women: A Prospective Cohort Study. *BMC Medicine*, 16 (219), 2018

## MIT MEHR SELBSTREFLEXION ZIELE ERREICHEN: MEIN MEETING MIT MIR SELBST

Brooks, A. C.: Ideas. How to Want Less. *The Atlantic*, 8.2.2022, https://www.theatlantic.com/magazine/archive/2022/03/why-we-are-never-satisfied-happiness/621304/

Giovanniello, J. R., N. Paredes, A. Wiener et al.: A Dual-Pathway Architecture for Stress to Disrupt Agency and Promote Habit. *Nature*, 640, 2025: 722–731

Paulsen, N., und S. Klöß: Presseinformation: Das Smartphone wird im Schnitt 2,5 Stunden pro Tag benutzt. Bitkom e. V., 19.3.2024, https://www.bitkom.org/Presse/Presseinformation/Durchschnittliche-Smartphone-Nutzung-pro-Tag

Soares, J. M., A. Sampaio, L. M. Ferreira et al.: Stress-Induced Changes in Human Decision-Making are Reversible. *Translational Psychiatry*, 2 (7), 2012: e131

## VOM ARZT ZUM KLINIKINHABER ZUM RESTAURANTBESITZER – UND JETZT?

Leckelt, M., J. König, D. Richter et al.: The Personality Traits of Self-Made and Inherited Millionaires. *Humanities and Social Sciences Communications*, 9 (94), 2022

N. N.: Gallup Engagement Index Deutschland 2024. Gallup, Inc., 2025, https://www.gallup.com/de/472028/bericht-zum-engagement-index-deutschland.aspx#ite-657683

## WIE GELD DOCH GLÜCKLICH MACHT

Carter, T. J., und T. Gilovich: I Am What I Do, Not What I Have: The Differential Centrality of Experiential and Material Purchases to the Self. *Journal of Personality and Social Psychology*, 102(6), 20121: 304–1317

Hoebel, J., E. Nowossadeck, N. Michalski et al.: Sozioökonomische Deprivation und vorzeitige Sterblichkeit in Deutschland 1998–2021. *Bundesgesundheitsblatt*, 67, 2024: 528–537

Kondo, N., G. Sembajwe, I. Kawachi et al.: Income Inequality, Mortality, and Self Rated Health: Meta-Analysis of Multilevel Studies. *British Medical Journal*, 339, 2009: b4471

N. N.: Chancengleichheit und Gesundheit. Zahlen und Fakten für die Schweiz. Bundesamt für Gesundheit BAG, Bern/CH (Hg.), 2018, https://www.infodrog.ch/files/content/refbases/50-13505_bag_chancengleichheit-und-gesundheit_de_2018-01.pdf

Zaninotto, P., G. D. Batty, S. Stenholm et al.: Socioeconomic Inequalities in Disability-Free Life Expectancy in Older People from England and the United States: A Cross-National Population-Based Study. *The Journals of Gerontology, Series A*, 75 (5), 2020: 906–913

## RAUS AUS DEM CHRONISCHEN STRESS: WIE ICH ES SCHAFFE, MICH WIEDER BEWUSST ZU ENTSPANNEN

Amiri, S., und S. Behnezhad: Job Strain and Mortality Ratio: A Systematic Review and Meta-Analysis of Cohort Studies. *Public Health*, 181, 2020: 24–33

Chételat, G., A. Lutz, O. Klimecki et al.: Effect of an 18-Month Meditation Training on Regional Brain Volume and Perfusion in Older Adults: The Age-Well Randomized Clinical Trial. *JAMA Neurology*, 79 (11), 2022: 1165–1174

Epel, E.S., E.H. Blackburn, J. Lin et al.: Accelerated Telomere Shortening in Response to Life Stress. *Proceedings of the National Academy of Sciences of the United States of America*, 101 (49), 2004: 17312–17315

Hapke, U., U. Maske, C. Scheidt-Nave et al.: Chronischer Stress bei Erwachsenen in Deutschland. *Bundesgesundheitsblatt*, 56, 2013: 749–754

Hayflick, L.: The Illusion of Cell Immortality. *British Journal of Cancer*, 83, 2000: 841–846

Lyons, C.E., M. Razzoli und A. Bartolomucci: The Impact of Life Stress on Hallmarks of Aging and Accelerated Senescence: Connections in Sickness and in Health. *Neuroscience & Biobehavioral Reviews*, 153, 2023: 105359

N.N.: *Entspann dich, Deutschland. TK-Stressstudie 2021*. November 2021, https://www.tk.de/resource/blob/2118106/cbdb7ed26363a35145d753516510f92d/stressstudie-2021-pdf-zum-downloaddata.pdf

Polsky, L.R., K.E. Rentscher und J.E. Carroll: Stress-Induced Biological Aging: A Review and Guide for Research Priorities. *Brain, Behavior, and Immunity*, 104, 2022: 97–109

Puterman, E., J. Lin, E. Blackburn et al.: The Power of Exercise: Buffering the Effect of Chronic Stress on Telomere Length. *PLoS One*, 5 (5), 2010

Zhang, B., S. Ma, I. Rachmin et al.: Hyperactivation of Sympathetic Nerves Drives Depletion of Melanocyte Stem Cells. *Nature*, 577, 2020: 676–681

### INVESTIERE IN ERINNERUNGEN: WIE GUTE BEZIEHUNGEN JUNG HALTEN

Erzen, E., und Ö. Çikrikci: The Effect of Loneliness on Depression: A Meta-Analysis. *International Journal of Social Psychiatry*, 64 (5), 2018: 427–435

Holt-Lunstad, J., T.B. Smith und J.B. Layton: Social Relationships and Mortality Risk: A Meta-Analytic Review. *PLoS Medicine*, 7 (7), 2010: e1000316

Holt-Lunstad, J., T.B. Smith, M. Baker et al.: Loneliness and Social Isolation as Risk Factors for Mortality: A Meta-Analytic Review. *Perspectives on Psychological Science*, 10 (2), 2015: 227–237

Kent de Grey, R.G., B.N. Uchino, R. Trettevik et al.: Social Support and Sleep: A Meta-Analysis. *Health Psychology*, 37 (8), 2018: 787–798

Luchetti, M., D. Aschwanden, A.A. Sesker et al.: A Meta-Analysis of Loneliness and Risk of Dementia Using Longitudinal Data From >600,000 Individuals. *Nature Mental Health*, 2, 2024: 1350–1361

Rentscher, K.E., E.T. Klopack, E.M. Crimmins et al.: Social Relationships and Epigenetic Aging in Older Adulthood: Results from the Health and Retirement Study. *Brain, Behavior, and Immunity*, 114, 2023: 349–359

Smith, K.J., S. Gavey, N.E. Riddell et al.: The Association Between Loneliness, Social Isolation and Inflammation: A Systematic Review and Meta-Analysis. *Neuroscience & Biobehavioral Reviews*, 112, 2020: 519–541

The PLoS Medicine Editors: Social Relationships Are Key to Health, and to Health policy. *PLoS Medicine*, 7 (8), 2010: e1000334

Tomova, L., K. L. Wang, T. Thompson et al.: Acute Social Isolation Evokes Midbrain Craving Responses Similar to Hunger. *Nature Neuroscience*, 23, 2020: 1597–1605

Trachtenberg, E.: The Beneficial Effects of Social Support and Prosocial Behavior on Immunity and Health: A Psychoneuroimmunology Perspective. *Brain, Behavior, and Immunity – Health*, 37, 2024: 100758

Uchino, B. N., B. R. W. Baucom, J. Landvatter et al.: Perceived Social Support and Ambulatory Blood Pressure During Daily Life: A Meta-Analysis. *Journal of Behavioral Medicine*, 45 (4), 2022, 509–517

Uchino, B. N., J. Landvatter, K. Zee und N. Bolger: Social Support and Antibody Responses to Vaccination: A Meta-Analysis. *Annals of Behavioral Medicine*, 54 (8), 2020: 567–574

Uchino, B. N., R. Trettevik, R. G. Kent de Grey et al.: Social Support, Social Integration, and Inflammatory Cytokines: A Meta-Analysis. *Health Psychology*, 37 (5), 2018: 462–471

Valtorta, N. K., M. Kanaan, S. Gilbody et al.: Loneliness and Social Isolation as Risk Factors for Coronary Heart Disease and Stroke: Systematic Review and Meta-Analysis of Longitudinal Observational Studies. *Heart*, 102, 2016: 1009–1016

Yang, Y. C., M. K. McClintock, M. Kozloski und T. Li: Social Isolation and Adult Mortality: The Role of Chronic Inflammation and Sex Differences. *Journal of Health and Social Behavior*, 54 (2), 2013: 183–203

## SO ARBEITE ICH AN MEINEN BEZIEHUNGEN

Grover, S., und J. F. Helliwell: How's Life at Home? New Evidence on Marriage and the Set Point for Happiness. *Journal of Happiness Studies*, 20, 2019: 373–390

## KLEINES TEST-ABC FÜR DAS BIOLOGISCHE ALTER UND DIE GESUNDHEIT

Araujo, C. G., C. G. de Souza e Silva, J. A. Laukkanen et al.: Successful 10-Second One-Legged Stance Performance Predicts Survival in Middle-Aged and Older Individuals. *British Journal of Sports Medicine*, 56, 2022: 975–980

Hall, K. S., H. J. Cohen, C. F. Pieper et al.: Physical Performance Across the Adult Life Span: Correlates With Age and Physical Activity. *The Journals of Gerontology, Series* A, 72 (4), 2017: 572–578

Pratt, J., G. De Vito, M. Narici et al.: Grip Strength Performance from 9431 Participants of the GenoFit Study: Normative Data and Associated Factors. *GeroScience*, 43 (5), 2021: 2533–2546

*Abrufdatum sämtliche Links: 31.7.2025*

## ZU DEN AUTOREN

**Dr. med. Felix Bertram** studierte nach einem Schicksalsschlag Medizin, half als Dermatologe Tausenden von Patientinnen und Patienten und baute eine Klinikkette in der Schweiz auf. Er war bereits bestens informiert über die Forschung zu Longevity, als diese durch einen Alterstest für ihn persönlich relevant wurde. Mit 49 Jahren stellte er seine Gewohnheiten auf den Prüfstand und krempelte – mit viel Herz und wissenschaftlich fundiert – sein Leben um.

**Nina Weber**, SPIEGEL-Redakteurin und Biochemikerin, hat ihre langjährige Erfahrung in evidenzbasierter Medizinberichterstattung in das Buch einfließen lassen.

Besuche Felix Bertram auf:


## DANKSAGUNG

Mein Dank gilt meiner Agentin Christine Proske (ariadne-buch.de), Nina Weber und dem Gräfe und Unzer Verlag. Ich danke ganz besonders auch meiner Partnerin sowie meinen zwölf Hunden für die Geduld und meinem biologischen Alter für die Inspiration.
*Felix*

## DIE BÜCHERMENSCHEN HINTER DIESEM PROJEKT

*Verlagsleitung:* Eva Dotterweich
*Projektleitung:* Stella Schossow
*Lektorat:* Anne Nordmann
*Cover:* ki36 Editorial Design, München, Anika Neudert
*Layout:* Björn Fremgen, KONTRASTE, Modifizierung des Layouts durch Alexander Gröber, Uhl+Massopust, Aalen
*Satz:* Uhl + Massopust, Aalen
*Herstellung:* Petra Roth
*Autorenfoto (Felix Bertram; Cover und Innenteil):* Liam Rudolph
*Autorinnenfoto (Nina Weber):* Inga Sommer
*Reproduktion:* Medienprinzen
*Druck & Bindung:* Livonia Print, SIA





Grillparzerstraße 8, 81675 München

www.gu.de/kontakt | hallo@gu.de

GU ist eine eingetragene Marke der GRÄFE UND UNZER VERLAG GmbH

**1. Auflage 2025, ISBN: 978-3-8338-9855-6**


## WICHTIGER HINWEIS

Die Gedanken, Methoden und Anregungen in diesem Buch stellen die Meinung bzw. Erfahrung der Verfasser dar. Sie wurden von den Autoren nach bestem Wissen erstellt und mit größtmöglicher Sorgfalt geprüft. Sie bieten jedoch keinen Ersatz für persönlichen kompetenten medizinischen Rat. Jede Leserin, jeder Leser ist für das eigene Tun und Lassen auch weiterhin selbst verantwortlich. Weder Autoren noch Verlag können für eventuelle Nachteile oder Schäden, die aus den im Buch gegebenen praktischen Hinweisen resultieren, eine Haftung übernehmen.

GU

## LIEBE LESERIN, LIEBER LESER,

wie wunderbar, dass du dich für ein Buch von GU entschieden hast! In unserem Verlag dreht sich alles darum, dir mit gutem Rat dein Leben schöner, erfüllter und einfacher zu machen. Unsere Autorinnen und Autoren sind echte Expertinnen und Experten auf ihren Gebieten, die ihr Wissen mit viel Leidenschaft mit dir teilen. Und unsere erfahrenen Redakteurinnen und Redakteure stecken viel Liebe und Sorgfalt in jedes Buch, um dir ein Leseerlebnis zu bieten, das wirklich besonders ist. Qualität steht bei uns schon seit jeher an erster Stelle – jedes Buch ist von Büchermenschen für Buchbegeisterte gemacht, mit dem Ziel, dein neues Lieblingsbuch zu werden.

Deine Meinung ist uns wichtig, und wir freuen uns sehr über dein Feedback und deine Empfehlungen – sei es im Freundeskreis oder online.

Viel Spaß beim Lesen und Entdecken!

PS: Hier noch mehr GU-Bücher entdecken: www.gu.de

## FÜR DIE UMWELT

Dieses Buch wurde auf PEFC-zertifiziertem Papier aus nachhaltiger Waldwirtschaft gedruckt.
Aus Liebe zur Natur verwenden wir leichtes Papier.

## WERDE TEIL DER GU-COMMUNITY!

Du und deine Familie, dein Haustier, dein Garten oder einfach richtig gutes Essen. Egal, wo du im Leben stehst: Als Teil unserer Community entdeckst du die neuesten GU-Bücher als Erstes, du genießt exklusive Leseproben und wirst mit wertvollen Impulsen und kreativen Ideen bereichert.

Worauf wartest du? Sei dabei!

www.gu.de/gu-community

## WARUM UNS DAS BUCH BEGEISTERT

»Eine Geschichte, fast zu unglaublich, um wahr zu sein – und plötzlich spürst du: Jetzt willst auch du etwas verändern.«

*Eva Dotterweich,* Verlagsleitung